高职高专计算机类专业系列教材——人工智能技术服务系列

机器学习技术

艾旭升　李　良　李春静　主编

电子工业出版社

Publishing House of Electronics Industry

北京·BEIJING

内 容 简 介

机器学习是一门多领域交叉学科，涉及概率论、统计学、矩阵论、神经网络、计算机等多门学科。其目标是模拟人类的学习活动，从数据中获取知识和技能，重新组织已有的知识结构，从而不断改善系统性能。

本书共9项目。项目1介绍机器学习基础，概要介绍机器学习的发展简史和一般步骤，以及本书涉及的方法和算法；项目2～项目7讨论 k 近邻算法、线性回归、决策树、贝叶斯分类、支持向量机、集成学习等监督学习方法；项目8介绍聚类的基本知识，阐述无监督学习方法；项目9讨论深度神经网络，主要论述卷积神经网络和循环神经网络两种模型。

本书由大数据技术与应用专业教师和企业工程师合力打造，采用大量项目案例讲解概念和算法，内容编排采用工作手册式教材形式，项目2～项目9相互独立，学生可选择知识点和涉及的技术，满足不同生源定制化学习的需要。同时，华育兴业科技公司开发有教材配套的实验实训在线平台，将教材内容和动手实践紧密结合起来。

本书可作为高职高专院校电子信息领域相关专业的教材，也可作为相关科技人员的参考用书，以及应用型本科的实验补充教材。

图书在版编目（CIP）数据

机器学习技术 / 艾旭升, 李良, 李春静主编. — 北京：电子工业出版社，2020.10（2024.8 重印）
ISBN 978-7-121-37549-1

Ⅰ．①机… Ⅱ．①艾… ②李… ③李… Ⅲ．①机器学习—高等职业教育—教材 Ⅳ．①TP181

中国版本图书馆 CIP 数据核字（2019）第 213894 号

责任编辑：贺志洪　　文字编辑：刘真平
印　　刷：固安县铭成印刷有限公司
装　　订：固安县铭成印刷有限公司
出版发行：电子工业出版社
　　　　　北京市海淀区万寿路173信箱　邮编　100036
开　　本：787×1092　1/16　印张：16.75　字数：409.6千字
版　　次：2020年10月第1版
印　　次：2024年8月第8次印刷
定　　价：44.00元

凡所购买电子工业出版社图书有缺损问题，请向购买书店调换。若书店售缺，请与本社发行部联系，联系及邮购电话：（010）88254888，88258888。

质量投诉请发邮件至 zlts@phei.com.cn，盗版侵权举报请发邮件至 dbqq@phei.com.cn。

本书咨询联系方式：（010）88254609 或 hzh@phei.com.cn。

前言

PREFACE

将自然现象、人类生活等事物以数据的形式记入计算机，从数据中学习知识并应用到生产实践已成为时代的主题。例如，20世纪70年代斯坦福大学开发的MYCIN可对细菌感染疾病进行诊断和治疗咨询，淘宝通过学习电商大数据实现产品自动推荐等。数据来源于客观世界，知识反映了客观世界中事物间的联系，而机器学习就用来专门解决从数据中获取知识的问题。

如何通过计算机进行知识获取、知识表示、知识管理，通过既定的规则应用知识模拟人类行为是一个复杂的过程，需要跨学科的综合应用。例如，采用自动化技术获取传感数据，通过数学知识和业务知识定义规则，运用统计学知识进行规划部署等。当前正处于数据爆炸的年代，机器学习的核心思想是发现数据中蕴含的知识，通过学习知识来模拟人类的行为。近年来，随着大数据和人工智能产业的迅速发展，本科和高职高专院校纷纷成立大数据、云计算、人工智能、物联网等专业，如何培养学生掌握机器学习技术成为相关专业关注的焦点。特别是高职高专院校强调"理实一体化"教学理念，在知识够用的前提下，重视培养技术技能型人才，因而高职高专教材需要遵循职业教育规律，切忌照搬本科教材的形式和内容。

有鉴于此，本书弱化理论知识阐述，尤其是公式的推导过程，通过大量的项目案例和算法比较、辨析各个知识点，采用NumPy、Pandas、Scikit-learn（Sklearn）等Python工具降低学习难度，主要章节都提供完整的项目强化知识综合应用，使读者快速掌握机器学习知识并加以应用。总的来说，编者撰写本书的出发点是提供一本理论与实践结合、知识覆盖较全面、实用性较强的职业教育和培训通用教材。

本书内容覆盖机器学习技术的主要知识点：模型评估方法、数据清洗、数据处理、有监督学习和无监督学习。有监督学习任务中，项目2介绍kNN模型的基本理论和葡萄酒分类的应用过程；项目3讲述线性回归基本理论、波士顿房价线性回归预测及鸢尾花逻辑回归分类；项目4介绍决策树基本知识、鸢尾花决策树和波士顿房价决策树的回归与分类实现；项目5主要介绍贝叶斯分类基本知识和垃圾邮件过滤的实现；项目6介绍支持向量机基本知识、手写数字识别及数据不均衡的半导体制造过程信息传递判定的实现；项目7介绍集成学习的基本知识及鸢尾花分类、波士顿房价回归、葡萄酒分类的集成实现。无监督学习任务中，项目8介绍聚类的基本知识和基于K-Means的鸢尾花分类的实现。最后，项目9延伸到深度学习网络和基于CNN的时间戳图像识别的实现过程。全书多章共用一组数据，如学生活跃情况分类回归、鸢尾花分类，利于模型间的比较，使读者在掌握机器学习知识的基础上进一步加深对不同算法异同点的理解。

本书适合作为高职高专院校电子信息领域相关专业的教材，也可作为相关科技人员的参考用书，以及应用型本科的实验补充教材，读者需具备Python编程相关的前导知识。本书着重讲述如何从数据中学习知识，对于教学而言，本书适用于人工智能技术服务、大数据技术与应用、云计算技术与应用、软件技术等高职高专专业。

本书由艾旭升、李良、李春静、杨梦铎和陈园园编写，并由艾旭升统稿。由于作者水平有限，加上机器学习领域相关技术发展很快，研究领域广泛，书中难免存在一些缺点和错误，殷切希望广大读者批评指正。

编　者
2020 年 3 月

目录

CONTENT

项目1
项目环境的准备

本教材精选多个小项目应用机器学习的知识描述建模过程。机器学习是计算机科学与人工智能的重要分支领域。在大数据起步的今天，捕获数据并从中萃取有价值的信息或模式越来越重要，从理论到实践应用，机器学习已经成为众多行业关注的焦点。同时，Python除在网站开发、系统管理、爬虫等方面得到广泛应用之外，在科学计算领域也建立了牢固的基础，一些Python机器学习的工具极大地简化了机器学习的难度，有效缩减了研究过程并节约了项目成本。本章将重点学习机器学习的基本概念、基于PyCharm工具下Python3+NumPy环境的安装与配置、Python主要类库（数值计算NumPy、可视化工具Matplotlib、分析工具Pandas、机器学习库Sklearn）等内容。

任务列表

任务名称	任务描述
任务 1.1 项目相关基本概念	机器学习目标，发展史，学习一般步骤，主要任务，模型评估，关键术语：特征（属性）、分类、训练、目标变量、样本
任务 1.2 项目中常用模型	k近邻、回归、决策树、贝叶斯分类、支持向量机、集成学习、聚类、深度学习网络

任务名称	任务描述
任务 1.3 Python+PyCharm 环境配置	独立配置 PyCharm+Python+NumPy 环境
任务 1.4 常用 Python 分析工具配置	电影分类项目实现及相关分析工具的配置

学习目标

最终目标：

配置适合基于 Python 机器学习项目的开发环境。

促成目标：

能理解项目中相关机器学习的基本知识。

能够配置 PyCharm+Python 安装环境。

理解 NumPy、Matplotlib、Pandas、Sklearn 类库及应用。

任务1.1 项目相关基本概念

任务目标

能理解机器学习基本知识。

能独立配置机器学习项目开发的环境。

任务分析

机器学习相关概念→发展史→机器学习建模过程→模型相关算法选择

任务分解

本任务共设定 7 个子任务，分 7 大步骤完成。

第 1 步：理解机器学习基本概念、目标。

第 2 步：理解机器学习发展的简史。

第 3 步：理解机器学习过程中每步需要完成的工作。

第 4 步：了解机器学习中的主要任务。

第 5 步：了解机器学习中模型评估主要方法和作用。

第 6 步：理解选择合适算法的方法。

第 7 步：理解机器学习项目中关键术语的含义。

1.1.1 概述

机器学习（Machine Learning，ML）是一门多领域交叉学科，涉及概率论、统计学、矩阵论、神经网络、计算机等多门学科。机器学习的目标是从数据体现的信息中学习知识，发现数据中蕴含的价值。机器学习中的数据一般指能输入计算机并被计算机识别、处理的符号，如图 1-1 所示的从左至右共计 14 位学生的数据。

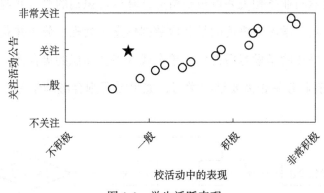

图 1-1 学生活跃表现

信息一般指通过数据能被人理解的内容。例如，从图 1-1 所示的数据中看出，最左边点代表的学生活动不积极，对活动公告也不感兴趣；第 2 位学生★对校活动表现很一般，对活动公告却很关注。从这 14 位同学数据记录的所有信息中可以学习到，一般情况下校活动表现活跃的学生都很关注活动公告，即知识。

机器学习的应用领域已经十分广泛，比如数据挖掘、专家系统、计算机视觉、自然语言处理、反信用欺诈、天气预报、航空航天和智能机器人等方面。

1.1.2 机器学习发展简史

最早的具有学习能力的程序是 1956 年美国的塞缪尔（Samuel）设计的跳棋程序。机器学习的发展大体上经历了以下 3 个阶段。

第 1 阶段（20 世纪 50～60 年代），侧重于非符号的神经元模型研究，属于探索时期。

第 2 阶段（20 世纪 70 年代），主要侧重于符号学习，属于发展时期。

第 3 阶段（20 世纪 80 年代至今，属于繁荣时期），机器学习综合了多种学科、多种方法，进入了全面的、系统化的研究阶段。知识发现与数据挖掘从最初的专家系统、知识工程领域和数据库领域扩展到各个方向，已经与机器学习研究融为一体。

1.1.3　机器学习的一般步骤

机器学习模型的建立过程可由图 1-2 描述，图中"→"表示学习信息流向；"数据信息"表示与业务相关并可被解析成计算机可识别的符号并进行记录的数据所要表达的内容；"学习"描述的是获取数据信息、处理、分析并获得新知识的过程；"知识库"描述的是学习后得到的单个或众多新知识的集合体；新知识入知识库后会辨别当前业务是否需要继续学习，如果需要则会继续学习，否则结束机器学习的过程。

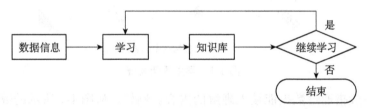

图 1-2　机器学习模型的建立过程

机器学习模型中的根源是数据信息，数据的质量直接决定了知识体现的价值，数据多在工程初始按需求进行调研、取证直至采集。针对机器学习模型而言，"学习"知识的过程是最复杂的环节，其一般过程如图 1-3 所示。依据业务数据分布确定模型后，需要对数据进行处理，才能参与训练，进而学习获得知识。

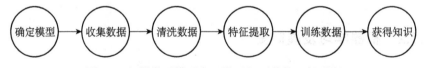

图 1-3　机器学习模型中"学习"环节的一般过程

图 1-3 中，模型的确定主要根据业务的要求和数据的分布情况而定，例如，一个电商平台通过收集用户行为的数据信息，可应用决策树模型分析哪个年龄段的人群喜欢哪类商品。进行模型数据训练之前，需要对数据进行收集和处理，例如，从 XML 标签中获取指定数据或将数据离散成少年、青年、老年三类。如果参与用户行为相关影响因素过多，则可能会影响模型的泛化能力，此时可进行关键特征的提取、PCA 等特征降维处理。一直将数据处理至尽量适合确定模型的计算时再参与训练数据的过

程，其间为了评估模型的好坏，会经历一个模型评估的过程，然后获得需要的知识。

1.1.4 机器学习的主要任务

机器学习的核心是学习数据信息中的知识，发现蕴含的价值，以指导生产、生活。机器学习的主要任务是将发现数据价值的过程转化为计算机可运行的应用程序，即将获取数据、数据处理、训练数据的过程用计算机实现出来。

机器学习的算法主要分为两大类：有监督学习和无监督学习。对于有监督学习而言，机器学习的主要任务是从已知数据中训练学习，将学习的知识用于任务推断。例如，图 1-1 中的数据，如果已知○所代表的 13 位同学样本，每个样本记录了相应的活跃学生与非活跃学生的分类标签，那么对于未知分类的学生样本★，如何判断其分类呢？其中可参考的一个方法就是判断离他/她最近的几个学生属于哪一类，如果标记为活跃的学生多，那他/她也非常可能是活跃的学生，否则为非活跃的学生。★学生的分类参考了已知○代表的学生的分类标签，属于典型的有监督学习算法，具体学习模型实现过程详见第 2 章。对于无监督学习而言，机器学习的主要任务是从缺乏先验知识的数据信息中学习数据的分类过程。例如，通过鸢尾花的花瓣长度和花瓣宽度的属性特征进行分类，具体实现过程详见第 8 章。

1.1.5 模型评估

机器学习知识的过程大多数情况下结果并不是 100% 正确的，例如，图 1-1 中除了★这位学生在校活动中表现很一般却很关注公告外，其余学生的数据信息都在描述活动中表现好的学生也会关注公告，表现不积极的学生也不怎么关注公告，借此可学习学生在校活动中的表现与关注公告的态度正相关的知识。该知识是我们需要得到的结论但却不适用于★学生，模型评估可以辅助人们有依据地评判当前模型的好坏，并在可能的范围内调整模型，以便更好地得出令人满意的结论。

模型评估的方法很多，评估过程需要考虑诸多因素，下面介绍几个主要内容。

■ 学习知识的合理性和有效性，即学习的知识是否符合需求，模型在学习过程中对已知数据和未知数据处理的能力，也即模型的泛化能力是否都能达到要求。

■ 模型的鲁棒性越好，抗扰动能力越强。例如，某个学习模型带有少量噪声数据或存在数据缺失等质量问题时，不会过多影响模型的应用。

■ 模型中算法时空复杂度情况，这直接影响模型对于时间和空间资源的要求。

■ 模型描述是否易于理解，可利用性强。一般越简洁、越易理解和调整的模型越受欢迎。

模型评估的方法很多，如交叉验证、验证曲线、量化预测质量、调整超参数等。在 2.2.2 节中，为了防止 kNN 模型在进行葡萄酒分类时过拟合，在对 kNN 进行有监督学习时，首先将样本集数据拆分成 75% 训练集和 25% 测试集，应用 5 折交叉验证算法学习最优 k 值为 5 的知识。学习曲线显示了对于不同数量的训练样本估计器的验证和训练评分，在 3.2.5 节波士顿线性回归模型多项式应用中，学习曲线评估增加更多训练数据时模型的获益情况和来自方差误差或偏差误差的影响。在 4.2.2 节鸢尾花决策树分类深度与过拟合实验中，应用了量化预测质量的模型评估方法，应用 accuracy_score 方法，计算训练集与测试集的准确率。在 6.2.2 节专门讲解了 SVM 中应用 GridSearchCV 调整超参数 C 的方法，并在 6.3.3 节 SVM 实现手写数字识别技术中应用了 GridSearchCV 帮助寻找高斯核最优参数。

为了进一步评估机器学习模型的优劣，在 3.3.3 节中应用性能参数 ROC 和 AUC 对鸢尾花数据不同分类器的性能进行评估。其中 AUC（Area under the Curve of ROC）值常用来评价一个二分类模型的训练效果，ROC 曲线（Receiver Operating Characteristic Curve）描述了一系列不同的以二分类方式真阳性率（True Positive Rate，TPR）为纵坐标，假阳性率（False Positive Rate，FPR）为横坐标绘制的曲线。

1.1.6　如何选择合适的算法

机器学习中算法的选择、模型的确立主要取决于数据的分布和业务的需求。

由于数据来源不同，数据质量也会不同，可能出现噪声、缺失值等情况。在数据输入模型计算之前，数据质量和业务需求决定了最终模型的确定。例如，回归业务需求中，对于非线性数据分布，可应用 kNN 模型，该模型对数据少量缺失和离群值有一定的抗扰性，故数据处理时主要处理一些不能反映规律的特殊数据。如果数据分布明显为线性，则应用最小二乘回归时，数据不适合有缺失和噪声，在数据处理时，学习模型中需要加入缺失弥补和去噪声的功能。对于需要评估的模型，还需要在学习模型中加入评估的算法。对于需要对各年龄段人群的习性进行分析的决策树等，可能需要对数据进行离散化处理等。

1.1.7 项目中关键术语

本项目主要应用机器学习的知识来解决问题，为此，有必要了解相关关键术语。为了说明机器学习中常见的术语，可将图1-1中○所代表的学生用●和○区分活跃的学生与不活跃的学生的分类属性，学生活跃表现数据加分类标签后如图1-4所示。

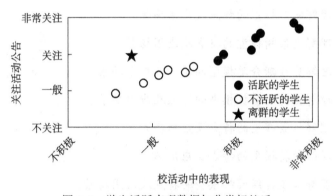

图1-4 学生活跃表现数据加分类标签后

图1-4中用于区分学生活跃与不活跃情况选用的"校活动中的表现"和"关注活动公告"情况的两种值称为特征，也可以称作属性。该业务的目的是依据学生这两种不同特征进行分类，故机器学习的主要任务就是分类。使用某个机器学习算法进行分类，首先需要做的是算法训练，即学习如何分类。通常为算法输入大量已分类数据作为算法的训练集。训练集是用于训练机器学习算法的数据样本集合，图1-4中★所代表的学生并不符合其他学生的整体趋势，可称为"离群点"，在学习过程中往往将作为噪声数据进行处理。其他13个训练样本的训练集，每个训练样本有两种特征，其中●和○描述了学生是否活跃的分类情况，作为分类学习的目标变量（种属）。目标变量是机器学习算法的预测结果，在分类算法中目标变量的类型通常是标称型的，而在回归算法中通常是连续型的。训练样本集必须知道目标变量的值，以便机器学习算法可以发现特征和目标变量之间的关系。

任务1.2 项目中常用模型

任务目标

能理解机器学习中常用模型的特点及应用场景。

任务分析

k 近邻→回归→决策树→贝叶斯分类→支持向量机→集成学习→聚类→深度神经网络

任务分解

本任务主要介绍机器学习中的常用模型，共设定 8 个子任务，分 8 大步骤完成。

第 1 步：理解最简单的 k 近邻模型的特点及应用场景。

第 2 步：理解回归模型的特点及应用场景。

第 3 步：理解决策树模型的特点及应用场景。

第 4 步：理解贝叶斯分类模型的特点及应用场景。

第 5 步：理解支持向量机模型的特点及应用场景。

第 6 步：理解集成模型的特点及应用场景。

第 7 步：理解聚类模型的特点及应用场景。

第 8 步：理解深度神经网络模型的特点及应用场景。

1.2.1 k 近邻

k 近邻（k-Nearest Neighbor，kNN）算法属于有监督的机器学习，最基本的雏形是一种用于分类（classification）和回归（regression）的非参数方法。学习模型依据待测样本与所在的特征空间的样本距离，按照距离递增次序排序，选取与当前点距离最小的 k 个点（k 近邻点）。如果继续计算 k 近邻点中每一个分类的占比，应用投票机制，输出占比多的类为待测样本所属的类，完成分类的操作。如果按业务模型计算 k 近邻点的值，如计算所有 k 近邻样本的平均值，依据所有 k 近邻样本的计算值（如平均值），画拟合曲线，可计算回归结果。详情可参见项目 2。

1.2.2 回归

回归主要通过学习特征值与预计算值间的定量关系来求解业务需求。依据特征值与预计算值之间的表达式呈线性还是非线性，回归分为线性回归与非线性回归两种。k 近邻回归实现的即为非线性回归，而线性回归是用于确定两种或两种以上特征间相互依赖的定量关系的一种统计分析方法，详见项目 3。

1.2.3　决策树

决策树（Decision Trees）是一种用来描述分类和回归的无参监督学习方法。其目的是创建一种模型，从数据特征中学习简单的决策规则来预测一个目标变量的值。

决策树的优势在于训练需要的数据少，能够处理多路输出的问题，可以支持连线的数据，也支持离散的数据或连续与离散的混合数据进行分类的计算。决策树也存在不足，例如，决策树容易产生一个过于复杂的模型，这样的模型对数据的泛化性能会很差，即有过拟合问题，一些策略，像剪枝、设置叶节点所需的最小样本数或设置数的最大深度，是避免出现该问题最为有效的方法，详见项目 4。

1.2.4　贝叶斯分类

贝叶斯分类是一类利用概率统计知识进行分类的算法，结合先验概率和后验概率，既避免了只使用先验概率的主观偏见，又避免了单独使用样本信息的过拟合现象。而朴素贝叶斯方法是基于贝叶斯定理的一组有监督学习算法，即"简单"地假设每对特征之间相互独立，在一定程度上降低了贝叶斯分类算法的分类效果，但在实际应用场景中，极大地简化了贝叶斯方法的复杂性，在很多情况下，朴素贝叶斯工作得很好，特别是文档分类和垃圾邮件过滤，详见项目 5。

1.2.5　支持向量机

支持向量机（Support Vector Machine，SVM）是一种可用于分类、回归和异常检测的监督学习算法。支持向量机的优势在于，即使应用于高维空间也非常高效，即使在数据维度比样本数量大的情况下也仍然有效。相对地，它的缺点也较明显，如果特征数量比样本数量大得多，则在选择核函数时要注意考虑如何避免过拟合的问题。例如，在支持向量机分类应用中，正则化项即 C 项的选择显得十分重要，可通过 GridSearchCV 实现超参数 C 的自动优选功能，如在手写识别业务

中通过 GridSearchCV 寻找高斯核最优参数，详见项目 6。

1.2.6　集成学习

集成学习通过构建并结合多个学习器来完成学习任务，有时也被称为多分类器系统。该系统通常分为两种：一种是构建多个独立的学习器，然后取它们预测结果的平均值，如 Bagging、随机森林等；另一种是依次构建学习器，并且每一个基学习器都尝试去减小组合估计器的偏差，这种方法的主要目的是结合多个弱模型，使集成的模型更加强大，如 Boosting 等，详见项目 7。

1.2.7　聚类

聚类是针对如图 1-1 中所描述的类别没有被标记的训练样本按事先设定的簇的个数学习分类结果的一种无监督学习算法。其目的在于按数据分布情况，确定分类算法，把相似的东西聚在一起，并不需要关心这一类的具体含义，详见项目 8。

1.2.8　深度神经网络

深度神经网络是指包含了多个隐藏层的人工神经网络。深度神经网络可分为深度前馈网络、卷积神经网络和循环神经网络等不同类型。深度前馈网络是最朴素的深度神经网络，可以理解为包含多个隐藏层的感知机（Multi-Layer Perception，MLP）。卷积神经网络通常用来解决图像问题，将其用于图像的特征提取，再结合深度前馈网络进行图像分类。循环神经网络通常用于解决时间序列问题，用其提取时间序列信息，通常放在特征提取层之后，详见项目 9。

任务1.3　Python+PyCharm环境配置

任务目标

能独立配置 Python+PyCharm 的开发环境。

任务分析

PyCharm 工具下 Python 环境配置→安装 NumPy → PyCharm 引入 NumPy 工

具包

任务分解

本任务共设定 3 个子任务，分 3 大步骤完成。

第 1 步：理解选用 Python 的原由。

第 2 步：PyCharm 工具下 Python 环境配置。

第 3 步：安装 NumPy 工具，并在 PyCharm 下引入 NumPy 工具包。

1.3.1 为什么选用Python

Python 是一门动态语言，其语法清晰，易于操作纯文本文件，使用广泛且存在大量的开发文档。

Python 具有清晰的语法结构，默认安装的 Python 开发环境附带很多高级数据类型，如列表、元组、字典、集合、队列等，方便用户直接应用这些数据类型。Python 语言处理和操作文本文件非常简单，易于处理非数值型数据。

Python 语言在人工智能、大数据、网络爬虫、系统维护等领域都有着广泛的应用。在学习上，其代码范例很多，在应用上，各种工具包也非常丰富，便于读者快速学习、掌握，利于实际工程快速应用现有模块库，缩短开发周期。

与 Java 和 C 语言完全不同，Python 语言清晰简练、易于理解，即使不是编程人员，也能够理解程序的含义。

Python 语言唯一的不足是性能问题。Python 程序运行的效率不如 Java 或 C 代码高，但是我们可以使用 Python 语言调用 C 语言编译的代码。

Python 非常适合于交互性开发和大型项目的快速原型开发。由于 Python 具有丰富的类库支持，因此被广泛应用于机器学习和数据科学方面。利用 Python 可以将研究项目和生产项目用统一的语言来实现，这就有效地降低了将研究项目转化为生产项目的成本。

1.3.2 PyCharm+Python开发环境配置

PyCharm 工具下 Python 环境配置的先决条件是，要求当前系统已安装 Python 工具。没有安装的用户可去 Python 官网（https://www.python.org/）下载，支持

Linux、Windows 等操作系统环境。安装完成后，可通过操作系统自带的命令客户端直接运行 Python。下面以 Windows 为例，打开 cmd 命令窗口，通过输入 python 命令查看 Python 当前安装的版本为 3.6.7，如图 1-5 所示。

图 1-5　查看 Python 当前安装的版本

　　拥有 Python 环境后，到 PyCharm 官网下载工具，按提示将 PyCharm 工具安装至对应的操作系统平台上。安装完成后，开始进行 PyCharm 工具下 Python 环境的配置，无论平台中安装了几个 Python 版本（如同时拥有 Python3 和 Python2.7 环境），PyCharm 都拥有通过设置指定 Python 版本的功能。如果是第一次打开 PyCharm 工具，则会弹出"Welcome to PyCharm Community Edition"窗口，可通过选择窗口右下角的"Configure → Settings..."，或者 PyCharm 工具菜单中的"File → Settings..."选项打开"Setting"窗口，在弹出的"Default Settings"窗口的左侧，选择"Project Interpreter"选项，在下拉菜单中选择"Show All"，如图 1-6 所示。

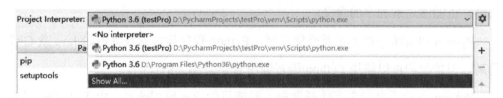

图 1-6　"Default Settings"窗口

　　在弹出的"Project Interpreter"窗口的右侧，单击"+"按钮，在弹出的菜单中选择要应用的 Python 版本，本书应用 Python3.6.7 版本。配置好环境后，可建立一个 Python 项目，编写一个简单的 Hello 程序，验证平台的应用环境。具体操作过程为：打开 PyCharm 工具，执行菜单命令"File → New Project"，在弹出的窗口中输入项目的名称，如"testPro"，单击"Create"按钮，完成项目创建，如图 1-7 所示。

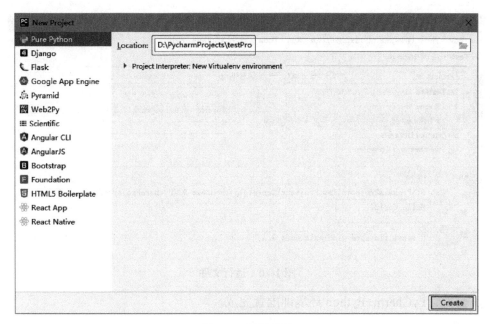

图 1-7　创建项目

选中新建立的项目 testPro，右击，在弹出的快捷菜单中选择"New → Python File"，如图 1-8 所示。

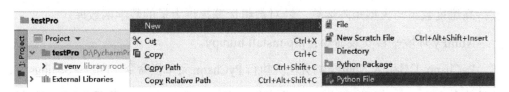

图 1-8　快捷菜单

在弹出的如图 1-9 所示的"New Python file"窗口"Name"属性对应的文本框中输入文件名"Hello"，单击"OK"按钮，完成文件的建立。

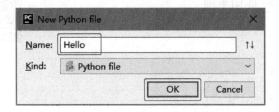

图 1-9　"New Python file"窗口

如图 1-10 所示，在新建立的 Hello.py 文件中输入打印"Hello world！"的测试程序，右击，在弹出的快捷菜单中选择"Run Hello"选项，运行写好的文件，会在控制台中看到运行的结果。

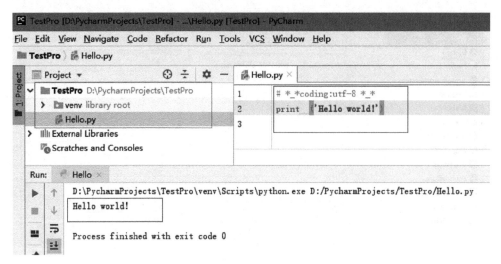

图 1-10 运行文件

至此，PyCharm+Python 环境即配置完成。

1.3.3 NumPy安装与PyCharm引入

NumPy（Numerical Python）是 Python 语言的一个开源数值计算扩展程序库，支持高维度数组与大型矩阵运算，针对数组运算提供大量的数学函数库。

NumPy 环境平台安装命令：pip install numpy。

PyCharm 工具引入 NumPy 的方法：执行 PyCharm 菜单栏命令"File→Settings..."，然后单击"Project→Project Interpreter"，单击"Project Interpreter"界面最右边的加号，再在搜索框中输入 numpy，找到 numpy 后单击左下方的"Install Package"按钮，过一会儿显示安装成功。

【例 1-1】NumPy 应用举例。

1. NumPy 引入

NumPy 应 用 举
例讲解视频

```
import numpy
import numpy as np
```

2. NumPy 创建数组

```
randArray= np.random.rand(4,4)  #构造一个 4×4 的随机数组 randArray
print(randArray)  #打印生成的随机数组 randArray
```

3. NumPy 将数组转化为矩阵

```
randMat=np.mat(randArray) # 调用 mat() 函数可以将数组 randArray 转化为
矩阵 randMat
    print(randMat) # 打印矩阵 randMat
```

4. NumPy 矩阵运算

```
invRandMat=randMat.I  # 实现矩阵 randMat 求逆的运算
print(invRandMat) # 打印 randMat 的逆矩阵 invRandMat
myEye=randMat*invRandMat  # 求矩阵与其逆矩阵相乘的结果
print(randMat)  # 打印 myEye
print(myEye-np.eye(4))  # 打印求得的误差值
```

运行程序，可在 PyCharm 控制台中查看运行的结果，如图 1-11 所示。

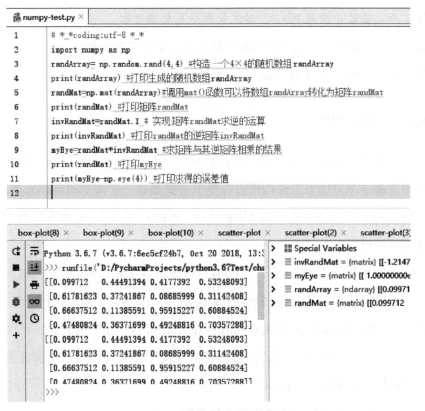

图 1-11　运行程序并查看运行的结果

任务1.4 常用Python分析工具配置

任务目标

能独立配置 Python+PyCharm 的开发环境。

任务分析

PyCharm 工具下 Python 环境配置→安装 NumPy → PyCharm 引入 NumPy 工具包

任务分解

本任务结合一个电影分类的业务，应用 k 近邻最简应用模式，引入机器学习需要的分析工具知识。本任务共设定 5 个子任务，分 5 大步骤完成。

第 1 步：理解 Python 应用的分析工具的基本知识。

第 2 步：理解电影分类业务知识，及应用分析工具介绍。

第 3 步：安装并应用 Pandas 实现电影分类数据读取。

第 4 步：安装并应用 Matplotlib 实现电影分类数据可视化。

第 5 步：安装并应用 Sklearn 实现电影分类学习过程。

1.4.1 基本知识

Python 具有丰富的类库支持，被广泛应用于机器学习和数据科学方面，已经发展成为机器学习方面最主要的语言。本节主要通过一个简单的电影分类的例子，了解机器学习中常用的分析工具 Matplotlib、Pandas 和 Sklearn 的安装与应用，理解机器学习的过程。

Python 常被称为"胶水语言"，能够与许多语言实现信息联结，如 C/C++ 等，也被用于很多框架中，如大数据平台 Hadoop、Spark 等，还可以操作一些数据库，如 MySQL。在 Python 的生态圈中同时存在大量的第三方扩展类库，可以借助这些类库轻松实现项目需求。需要注意的是，在使用扩展类库时可能需要考虑平台问题，某些扩展类库可能不提供跨平台的实现。

本节主要介绍机器学习中常用的 4 种类库。

NumPy：Python 的一种开源数值计算扩展。它可用来存储和处理大型矩阵，提供了许多高级的数值编程工具，如矩阵数据类型、矢量处理、精密的运算库。

Matplotlib：Python 中最著名的 2D 绘图库，十分适合交互式制图；也可以方便地将它作为绘图控件，嵌入 GUI 应用程序中。

Pandas：是基于 NumPy 的一种工具，为解决数据分析任务而创建。Pandas 纳入了大量库和一些标准的数据模型，提供了高效操作大型数据集所需的工具，也提供了大量能使用户快速、便捷地处理数据的函数和方法。

在这 3 款工具的应用过程中，更倾向于应用 NumPy 数组来准备机器学习算法的数据；应用 Matplotlib 进行数据图表的创建和展示；应用 Pandas 导入、处理、展示数据，以便增强对数据的理解和数据清洗、转换等工作。

下面要介绍的第四款工具是 Sklearn，它是 Python 中开发和实践机器学习的著名类库之一，依赖 SciPy 及其相关类库来运行。Sklearn 基本功能主要分为 6 大部分：分类、回归、聚类、数据降维、模型选择和数据预处理。Sklearn 是一个开源项目，遵守 BSD 协议，可以将项目应用于商业开发，目前主要由社区成员自发进行维护。可能是由于维护成本的限制，Sklearn 相比其他项目要显得更为保守，从来不做除机器学习领域之外的其他扩展，不采用未经广泛验证的算法。

对于这些机器学习工具包，可以通过选择命令逐个安装，也可以直接安装 Python 针对科学计算而发布的开发环境 anaconda，它包含了 NumPy、SciPy、Matplotlib、Sklearn 等工具包。anaconda 可在 www.continuum.io/downloads 网站下载，包含不同操作系统（Windows/Linux/Mac）不同版本的 anaconda，下载合适的版本后直接安装即可。

1.4.2　第一机器学习案例电影分类业务理解

案例：在文本文件 film.csv 中存在一组数据，数据参考 Peter Harrington 所著《机器学习实战》一书第 2 章中的表 2-1，具体如表 1-1 所示，记录了 5 部电影的打斗镜头数、接吻镜头数，以及电影类型，其中 1 代表爱情片，0 代表动作片。假如有一部未看过的电影"?"，请确定它是爱情片还是动作片。

表 1-1 电影数据记录

电影名称	电影类型	打斗镜头数	接吻镜头数
California Man	1	3	104
He's Not Really into Dudes	1	2	100
Beautiful Woman	1	1	81
Kevin Longblade	0	101	10
Robo Slayer 3000	0	99	5
Amped Ⅱ	0	98	2
?	未知	18	90

思路：需要读取 film.csv 中的内容，对内容进行可视化操作，方便用户分析数据分布，选择合适的分类算法对已经分类的数据进行学习，通过学习结论对未知电影进行分类预测。

第 1 步：安装 Pandas 类库，通过 Pandas 读取 film.csv 数据。

第 2 步：安装 Matplotlib 类库，接收 Pandas 读取的数据，实现数据可视化。依据 Matplotlib 可视化数据分布情况选择 kNN 算法。

第 3 步：安装 Sklearn 类库，应用 kNN 算法学习到的知识确定未知电影的类型。

1.4.3 应用Pandas实现电影分类数据读取

在应用 Pandas 编写电影分类数据读取的程序之前，先来了解一下 Pandas，它主要用于数据的读取和处理，带有丰富的数据处理函数，支持时间序列分析功能，是 Python 下最强大的数据分析和探索工具。

1. Pandas 的安装与引入

Pandas 构建在 NumPy 之上，所以在安装前请确认已经安装了 NumPy（详见 1.4.3 节）。

（1）可直接用命令安装，具体如下。

```
pip3 install pandas
```

（2）可下载指定版本的包进行安装。

例如，在浏览器的地址栏中输入 https://pypi.org/project/pandas/#files，在打开

的网站中下载不同操作系统不同版本的 Pandas，如 Windows 下的 0.25 版本，即 pandas-0.25.0-cp36-cp36m-win_amd64.whl。下载完成后，可在 Windows 平台下打开 cmd 命令窗口，通过 pip 安装下载包。

```
pip3 install pandas-0.25.0-cp36-cp36m-win_amd64.whl
```

如果需要对 Excel 进行读写操作，需要额外安装 xlrd 和 xlwt 库，参考下载网址为：

Downloads:https://pypi.org/project/xlrd/#files

https://pypi.org/project/xlwt/#files

下载完成后，通过在 cmd 窗口中执行 pip3 命令进行安装。

```
pip3 install xlwt-1.3.0-py2.py3-none-any.whl
pip3 install xlrd-1.2.0-py2.py3-none-any.whl
```

2. Pandas 的基本应用

在应用 Pandas 之前，需要引入 Pandas 的类库，代码如下。

```
import pandas as pd
```

Pandas 有两种数据结构：Series 和 DataFrame。

（1）Series。Series 像 Python 中的数据 list 一样，每个数据都有自己的索引。从 list 创建 Series，代码如下。

```
s1 = pd.Series([100,23,'bugingcode'])
```

在 Series 中添加相应的索引，在 index 中设置索引值是一个从 1 到 366 的值：

```
ts = pd.Series(np.random.randn(365), index=np.arange(1,366))
```

Series 的数据结构最像 Python 中的字典，从字典中创建 Series：

```
sd = {'xiaoming':14,'tom':15,'john':13}
s4 = pd.Series(sd)
```

这时可以看到 Series 已经自带索引 index 了。

（2）DataFrame。DataFrame 相当于 Series 一维的一个扩展，是一种二维的数据模型，相当于 Excel 表格中的数据，有横、竖两种坐标，横轴跟 Series 一样使用 index，竖轴用 columns 来确定，在建立 DataFrame 对象时，需要确定 3 个元素：数据、横轴和竖轴。

```
pd.DataFrame(np.random.randn(8,6),index=pd.date_range('01/01/2
018',periods=8),columns=list('ABCDEF'))
```

数据直接从 Excel 或 cvs 过来，可以从 Excel 中读取数据到 DataFrame，数据在 DataFrame 中进行处理：

```
df = pd.read_excel('data.xlsx',sheet_name= 'Sheet1')
```

对数组进行切片，认清横轴和纵轴：

```
df = pd.read_excel('data.xlsx',sheet_name= 'Sheet1')
df[:][0:3]
```

3. Pandas 实现 film.csv 数据的导入

```
import pandas as pd
url = "datas/film1.csv"
data = pd.read_csv(url)
print('动作片数据:\n',data[0:3])#取 2~4 行数据  动作片数据
print('爱情片数据:\n',data[3:6])#取 5~7 行数据  爱情片数据
print('取 fight 标签对应的数据:\n',data['fight'][0:2])#按标签取数据
# 行列转置操作
dataT = pd.DataFrame(data.values.T, index=data.columns,
columns=data.index)
print('电影转置后的数据:\n',dataT)
```

运行结果：

```
动作片数据:
  fight kiss
0   3   104
```

```
1    2    100
2    1    81
```
爱情片数据：
```
  fight  kiss
3    101    10
4    99     5
5    98     2
```
取 fight 标签对应的数据：
```
0    3
1    2
Name: fight, dtype: int64
```
电影转置后的数据：
```
         0      1      2      3      4      5
fight    3      2      1      101    99     98
kiss     104    100    81     10     5      2
```

1.4.4 应用Matplotlib实现电影分类数据可视化

Matplotlib 是 Python 数据可视化工具包，主要用于二维绘图和简单的三维绘图。通过 Matplotlib 可以快捷地使用 Python 可视化数据，并且输出多种图像格式。

在应用 Matplotlib 对电影数据进行可视化操作之前，需要安装 Matplotlib 类库。直接用命令安装：

```
pip3 install matplotlib
```

下载 Matplotlib 工具包，然后用命令安装：

```
pip3 install matplotlib-2.2.4-cp36-cp36m-win_amd64.whl
```

使用 Matplotlib 来创建散点图，用以描述电影数据的分布情况，代码如下。

```
import pandas as pd
import matplotlib.pyplot as plt
```

```
import matplotlib as mpl

url = "datas/film1.csv"
data = pd.read_csv(url)
testdata = [18,90]


# 画散点图
mpl.rcParams['font.sans-serif'] = ['SimHei']
mpl.rcParams['axes.unicode_minus'] = False
fig = plt.figure()
plt.figure(figsize=(5,3), dpi=80)
plt.scatter(data['fight'][0:3],data['kiss'][0:3],marker='o',
color='g', s=70,label=' 爱情片 ')
plt.scatter(data['fight'][3:6],data['kiss'][3:6], marker='o',
color='',edgecolors='g',s=70,label=' 动作片 ')
plt.scatter(testdata[:1],testdata[1:], marker='*', color='b',
s=120,label=' 未知类型 ')
plt.xlabel(u' 打斗镜头数 ')
plt.ylabel(u' 接吻镜头数 ')
plt.legend(loc=1)
plt.show()
```

运行结果如图 1-12 所示。

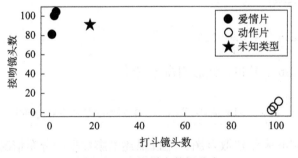

图 1-12　电影样本数据分布

从图 1-12 中可以看出，未知类型电影离爱情片较近，可试着用 k 近邻算法，即通过计算距离进行分类，未知类型电影离爱情片的距离近，可初步判定未知类型电影为爱情片。

1.4.5 应用Sklearn实现电影分类学习过程

Scikit-learn（Sklearn）是一个开源的 Python 语言机器学习工具包，涵盖了几乎所有主流机器学习算法的实现，并且提供了一致的调用接口。Sklearn 基于 NumPy 和 SciPy 等 Python 数值计算库，提供了高效的算法实现，官方文档齐全，更新及时，具有接口易用、算法全面等特点。

1. Sklearn 的安装与引入

Sklearn 的安装依赖于 NumPy、SciPy、Matplotlib。依赖库的安装很重要，只有先把依赖库安装成功，然后才能安装 Sklearn。

```
pip install scikit-learn.whl
```

通过 Sklearn 机器学习的类库，应用分类算法，确定未知电影的类型，代码如下。

```python
import pandas as pd
from sklearn import neighbors


url = "datas/film1.csv"
data = pd.read_csv(url)
# 加入分类标签，前 3 行数据标记为 0 代表爱情片，后 3 行标记为 1 代表动作片
labels = [0,0,0,1,1,1]
knn = neighbors.KNeighborsClassifier(3)   # 取得 kNN 分类器
knn.fit(data[0:6], labels)   # 导入数据进行训练
print(knn)
print(knn.predict([[18,90]]))
```

运行结果：

```
[0]
```

在执行 k 近邻算法之前，先将电影的 6 行数据进行类别标记，将前 3 行爱情片数据标记为 0，将后 3 行动作片数据标记为 1，k 近邻运行结果为 0，即将测试

数据 [18,90]，也即图 1-12 中的★未知数据分类为爱情片，与运行结果一致。

1.5　项目复盘

在任务 1.1 中，首先介绍了机器学习的基本目标，并结合实例对机器学习中必须理解的数据、信息和知识进行了描述；然后对机器学习的一般步骤，尤其是学习过程进行概括性描述；最后对机器学习应用中的模型评估的知识进行了说明。此外，对机器学习能做什么，如何选择机器学习的算法也给出了建议。

为了更好地理解机器学习，在任务 1.2 中通过实例对机器学习中常用的术语特征、分类、训练集、目标变量、关系进行了详细说明。理解机器学习的基本知识后，在任务 1.3 中对机器学习常用模型进行了简要说明。

在任务 1.4 和任务 1.5 中，应用了当前机器学习领域广泛应用的 Python 技术，通过一个简单的电影分类业务，演示了机器学习的实现过程。

1.6　实操练习

1. 机器学习的目标是什么？
2. 理解数据、信息、知识的基本概念和相互关系。
3. 理解机器学习的一般步骤。
4. 简述机器学习的主要任务。
5. 举例说明模型评估常用的方法。
6. 如何选择合适的算法？
7. 理解特征、分类、训练集、目标变量、关系的基本概念。
8. 理解任务 1.3 中常用模型的应用特点。
9. 完成任务 1.4 中的所有任务。
10. 完成任务 1.5 中的所有任务。

参考答案

项目2
k近邻回归与分类

k 近邻（k-Nearest Neighbor，kNN）算法的核心思想是：假若一个特征空间中大多数的样本属于某一个类别，则在这个特征空间中，k 个最相似的样本也属于这个类别。该模型可用于待分样本所属的类别判定或简单回归模型的计算，其核心关注点为测试点个数（k）与距离计算模型的确定，模型简单、易于理解，是机器学习中较理想的入门级算法，在 OCR 识别系统、电商平台用户分类、银行数据预测客户行为、高职贫困生认定、金融时间序列预测、短时交通预测等领域得到研究与证实。本项目从学生成绩分类出发，首先对 k 近邻算法进行理论讲解与程序实现；然后以意大利某一地区的葡萄酒为例，实现 kNN 葡萄酒分类器构建，演示kNN 机器学习过程。

任务列表

任务名称	任务描述
任务 2.1　k 近邻算法概述	k 近邻分类、回归基本思想与 Python 程序实现、因子 k 选择、过拟合问题
任务 2.2　k 近邻算法实现葡萄酒分类	数据读取、可视化分析、数据清洗、标准化、k 学习、结果分析

学习目标

最终目标：

能正确应用 k 近邻模型实现回归与分类的知识进行建模。

促成目标：

能理解 k 近邻回归与分类的基本思想。

能应用 Sklearn 编写 k 近邻回归与分类模型。

能理解因子 k 选择与过拟合问题。

能正确应用数据可视化技术对数据进行分析。

能对数据进行清洗与标准化。

能应用交叉验证学习 k 的值。

任务2.1   k近邻算法概述

任务目标

能正确应用 Sklearn 工具实现 k 近邻回归与分类的建模过程。

任务分析

理解 k 近邻核心思想→ k 近邻分类模型建模→ k 近邻回归模型建模→过拟合问题

任务分解

本任务共设定 3 个子任务，分 3 大步骤完成。

第 1 步：理解 k 近邻分类与回归核心思想。

第 2 步：能基于 Python 环境 k 近邻分类与回归的 Slearn 建模。

第 3 步：能理解因子 k 选择与过拟合问题。

k 近邻（以下简称 kNN）算法依据待测样本与所在的特征空间的样本距离，计算出距离测试样本最近的 k 个样本，依此判定测试样本属于某类或用于简单的回归计算。kNN 原理简单、理论成熟，是应用最广泛的机器学习算法之一。本节将用它演示机器学习的基本过程，以此来揭开看似神秘的机器学习这门学科的面纱。

2.1.1　什么是k近邻算法

kNN 是典型的"惰性学习"（lazy learning）算法，测试样本需要与特征空间中的每一个样本进行距离的计算，其中与测试样本距离最近的 k 个样本，称为"k 近邻"。如图 2-1 所示，当 k 设定为 3 时，即求取与待测样本（标志为★）最近的 3 个样本（内圆包含的标志为○的样本点）；如果 $k=7$，则待测样本对应 7 个最近样本（外圆包含的标志为○的样本点）。

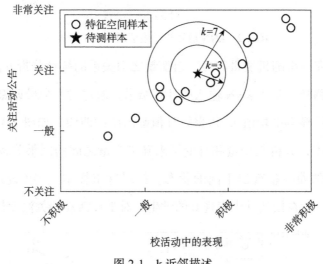

图 2-1　k 近邻描述

图 2-1 中描述了某校 13 名学生在校期间参加校活动的情况，当将这些样本赋予实际业务数据含义时，整个算法也就变得具有实际的机器学习的意义了。在模式识别中，kNN 最基本的雏形是一种用于分类（classification）和回归（regression）的非参数方法。

分类主要是指将待测样本映射到给定的类别中的算法。如图 2-2 所示，将样本加上标签分为活跃的学生（●样本）与不活跃的学生（○样本）两类。当设定 $k=3$ 时，待测样本★的 3 个近邻中有 2 个●和 1 个○，秉承 kNN 分类少数服从多数的投票机制，此时认为★属于活跃的学生。类似地，当 $k=7$ 时，★的 7 个近邻中有 3 个●和 4 个○，此时★属于不活跃的学生。

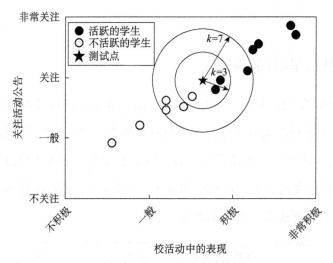

图 2-2　kNN 应用于学生活跃表现的分类

回归指研究一组随机变量和另一组变量之间关系的统计分析方法。在 kNN 回归应用中，待测样本基于 kNN 输入的计算结果，通过对 k 个最近邻居的样本值进行统计（如计算样本平均值），依据统计值画出回归曲线。如图 2-3 所示，已知特征空间中的样本，分析因变量和自变量来确定变量之间的因果关系。当 k 取不同值时，拟合出的曲线呈现出不同的状态。针对这组样本，当 k 设定为 3 与 5 时，大致能够说明一般在校活动中表现好的学生，对学校活动的关注度都很高。

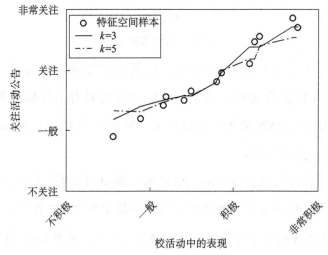

图 2-3　kNN 应用于学生活跃表现的回归分析

2.1.2　应用Python实现k近邻算法

本节采用 Python 语言，针对 2.1.1 节中使用的案例，应用 Sklearn 工具包实现 kNN 算法。Sklearn 中含有很多现成的机器学习算法包，可降低工程师的编程难度与复杂度，节省项目开发时间和人力成本。

下面依据图 2-1 中所示的案例，进行 kNN 分类与回归模型计算的演示。kNN 模型计算中，除 k 值的确定外，还有一个非常重要的计算，即样本点间的距离计算。距离计算的公式有很多，如欧氏距离、曼哈顿距离、切比雪夫距离、马氏距离、余弦距离等，本节主要应用欧氏距离。例如，在二维空间内，欧氏距离如式（2-1）所示：

$$\text{dist}(x,y)=\sqrt{\left(x_2-x_1\right)^2+\left(y_2-y_1\right)^2} \tag{2-1}$$

式中，$\text{dist}(x,y)$ 为点 (x_2,y_2) 与点 (x_1,y_1) 之间的欧氏距离。

kNN 依据距离进行 k 近邻的求解。图 2-2 与图 2-3 中所示数据是按不积极、一般、积极、非常积极和不关注、一般、关注、非常关注进行模糊描述的。为了方便计算，在进入正式的 Python 程序编写之前，首先需要将这些离散的表述转换为实际数据意义的表述，如表 2-1 所示。

表 2-1　学生活跃表现数据表

活动表现（%）	19	30	39	40	47	50	60	62	73	75	77	90	92
关注活动（%）	30	40	47	52	50	55	60	65	70	82	85	95	90
1：活跃，0：否	0	0	0	0	0	0	1	1	1	1	1	1	1

数据准备完成后，开始进行 Python 下基于 Sklearn 组件的 kNN 实现。

【例 2-1】通过 Sklearn 组件编写 kNN 分类的 Python 程序，实现图 2-2 中的分类结果。

代码如下。

通过 Sklearn 组件编写 kNN 分类模型讲解视频

```
import numpy as np

import warnings


from sklearn import neighbors
```

```
'''
构建图 2-2 中的实验数据
'''

def createDataSet():
    dataSet = np.array(
        [[19, 30], [30, 40], [39, 47], [40, 52], [47, 50], [50,
    55], [60, 60], [62, 65], [73, 70],
        [75, 82], [77, 85], [90, 95], [92, 90]])
    labels = ['0', '0', '0', '0', '0', '0', '1', '1', '1', '1',
 '1', '1', '1']
    return dataSet, labels
'''
构建 kNN 分类器
dataSet: 特征空间样本集
labels: 特征空间样本集对应分类标签
testData: 预测样本数据
k: k 近邻的设定值
'''

def knnClassifier(dataSet, labels, testData, k):
knn = neighbors.KNeighborsClassifier(k)   # 取得 kNN 分类器
knn.fit(dataSet, labels)   # 导入数据进行训练
    return knn.predict([testData])


'''
执行程序
'''

if __name__ == "__main__":
    dataSet, labels=createDataSet() #取得特征空间样本, 即 13 名学生活
    动情况数据
    warnings.filterwarnings('ignore') # warning 信息不打印, 可有可无
```

```
     # 求得 k=3 时，预测样本分类结果
pred1=knnClassifier(dataSet, labels, [55,65] , 3)
     print('k=3 时，预测样本分类结果为：',pred1)
     # 求得 k=7 时，预测样本分类结果
pred2 = knnClassifier(dataSet, labels, [55,65], 7)
     print('k=7 时，预测样本分类结果为：',pred2)
```

运行结果：

```
k=3 时，预测样本分类结果为：['1']
k=7 时，预测样本分类结果为：['0']
```

程序中以测试样本★对应数据 [55,65] 为例，分别学习 $k=3$ 和 $k=7$ 时的分类情况。分类标签 labels 中记录的 0 代表○样本，即不活跃的学生，而 1 代表●样本，即活跃的学生。实验运行结果表明，当 $k=3$ 时，结果为 1，即认为★属于活跃的学生；当 $k=7$ 时，结果为 0，即★属于不活跃的学生，运行结果与图 2-2 中所要表达的意图一致，即遵循少数服从多数的思想，在指定范围内离★最近的 k 个学生中，哪类学生多，★就属于哪一类学生。

【例 2-2】通过 Sklearn 组件编写 kNN 回归的 Python 程序，实现图 2-3 的编程过程。

通过 Sklearn 组件编写 kNN 回归模型讲解视频

代码如下。

```
import numpy as np
from sklearn.neighbors import KNeighborsRegressor
from numpy import *


import matplotlib.pyplot as plt
from matplotlib.font_manager import FontProperties


'''
构建图 2-3 中的实验数据
'''
```

```python
def createDataSet():
    data1 = np.array(
        [[ 19, 30], [30, 40], [39, 47], [40, 52], [47, 50], [50,
        55], [60, 60], [62, 65], [73, 70],
            [75, 82], [77, 85], [90, 95], [92, 90]])
    X = data1[0:, :1];
    y = data1[0:, 1:2];
    return X, y


'''
构建图 2-3 中的 kNN 拟合模型
'''
def knnRegressor(X, y,k):
knn = KNeighborsRegressor(k)
    # 使用 X 作为训练数据并将 y 作为目标值来拟合模型
knn.fit(X, y);
    # 进行预测
    y_pred = knn.predict(X);
knn.score(X, y)
    return y_pred


def drawPlot(X,y,y_pred,y_pred1):
    # 画出拟合曲线
zhfont = FontProperties(fname='C:/Windows/Fonts/simsun.ttc', size=12)
    fig = plt.figure()
plt.figure(figsize=(6, 4.5), dpi=80)
    ax = plt.subplot(111)
    p1 = ax.scatter(X, y, marker='o', color='', edgecolors='g',
  label='1', s=40)
    p2, = ax.plot(X, y_pred, '-')    # 画出 k=3 时的拟合曲线
```

```
    p3, = ax.plot(X, y_pred1, '-.')    # 画出 k=5 时的拟合曲线

    x = np.linspace(0, 100, 4)

    y = np.linspace(0, 100, 4)

plt.xticks(x, ('不积极', '一般', '积极', '非常积极'), color='blue',
rotation=60, fontproperties=zhfont)

plt.xticks(x)

plt.yticks(y, ('不关注', '一般', '关注', '非常关注'), color='red',
fontproperties=zhfont)

plt.xlabel(u'校活动中的表现', fontproperties=zhfont, )

plt.ylabel(u'关注活动公告', fontproperties=zhfont)

    ax.legend([p1, p2, p3], ["特征空间样本", "k=3", "k=5"], loc='upper
  left', prop=zhfont)

plt.show()


'''
执行程序
'''

if __name__ == "__main__":
    X, y = createDataSet()

    y_pred=knnRegressor(X, y ,3)

    y_pred1=knnRegressor(X, y ,5)

    print('当k=3时，回归数据：', y_pred)

    print('当k=5时，回归数据：', y_pred1)


    # 将回归结果与特征空间样本可视化，应用Matplotlib将结果画成图

    drawPlot(X, y, y_pred, y_pred1)
```

生成结果，即图2-3所示实例，当 k=3 和 k=5 时的 kNN 回归运行结果数据如下。

```
  当 k=3 时，回归数据：
 [[39.         ]
```

```
[46.33333333]
 [49.66666667]
[49.66666667]
[52.33333333]
[52.33333333]
[60.        ]
[65.        ]
[79.        ]
[79.        ]
[79.        ]
[90.        ]
[90.        ]]
```

当 k=5 时，回归数据：

```
[[43.8]
 [43.8]
 [48.8]
 [48.8]
 [52.8]
 [52.8]
 [60. ]
 [66.4]
 [72.4]
 [72.4]
 [79.4]
 [84.4]
 [84.4]]
```

2.1.3 k值的选择与过拟合问题

kNN 模型中选择的邻居都是已经正确分类的对象。该方法只依据最邻近的一个或几个样本的类别来决定测试样本所属的类别。kNN 模型虽然从原理上也依赖极限定理，但在类别决策时，只与极少量的相邻样本有关。由于 kNN 模型主要靠周围有限的邻近样本，而不是靠判别类域的方法来确定所属类别，因此对于类域的交叉或重叠较多的待分样本集来说，kNN 模型较其他方法更为适合。

除去距离的计算方法不说，k 的设定值会对 k 近邻算法的结果产生重大影响。如果选择较大的 k 值，就相当于用较大邻域中的训练实例进行预测。其优点是可以减小学习的估计误差，但缺点是学习的近似误差会增大。这时与输入实例较远的训练实例也会对预测起作用，使预测发生错误。

仍然采用例 2-2 中的数据与程序，只是在 kNN 回归调用时，分别将 k 设置为 3、10 和 13，然后在画图时，将 3 个 k 值生成的回归数据与原数据一起展现在图示中。具体实现方法如下。

【例 2-3】更改例 2-2 中 main 的调用部分，演示 kNN 回归不同 k 值下的情况。

 演示 kNN 回归不同 k 值下的情况讲解视频

代码如下。

```python
if __name__ == "__main__":
    X, y = createDataSet()
    y_pred=knnRegressor(X, y ,3)
    y_pred1 = knnRegressor(X, y, 10)
    y_pred2=knnRegressor(X, y ,13)
    #print('当k=3时, 回归数据: ', y_pred)
    #print('当k=5时, 回归数据: ', y_pred1)
    # 画出拟合曲线
zhfont = FontProperties(fname='C:/Windows/Fonts/simsun.ttc',
size=12)
    fig = plt.figure()
plt.figure(figsize=(6, 4.5), dpi=80)
    ax = plt.subplot(111)
    p1 = ax.scatter(X, y,marker='o', color='',edgecolors='g', label='1', s=40)
    p2, = ax.plot(X, y_pred, '-')     # 画出 k=3 时的拟合曲线
    p3, = ax.plot(X, y_pred1, '-.')   # 画出 k=10 时的拟合曲线
```

```
    p4, = ax.plot(X, y_pred2, '--')    # 画出 k=13 时的拟合曲线

    x = np.linspace(0, 100,4)

    y = np.linspace(0, 100,4)

plt.xticks(x, ('不积极','一般','积极','非常积极'),color='blue',rotation=60,
fontproperties=zhfont)

plt.xticks(x)

plt.yticks(y,('不关注','一般','关注','非常关注'),color='red', font-
properties=zhfont)

plt.xlabel(u'校活动中的表现', fontproperties=zhfont,)

plt.ylabel(u'关注活动公告', fontproperties=zhfont)

    ax.legend([p1,p2, p3, p4], ["特征空间样本","k=3", "k=10", "k=13"],
 loc='upper left', prop=zhfont)

plt.show()
```

运行结果:

k 值的增大意味着整体模型变得简单,图 2-4 中,随着 kNN 回归模型中 k 值的增加,拟合曲线的误差越来越大,在 $k=13$ 时,已经完全不能说明问题了。

相对地,如果选择较小的 k 值,就相当于用较小的邻域中的训练实例进行预测,"学习"的近似误差会减小,只有与输入实例较近的训练实例才会对预测结果起作用。但缺点是"学习"的估计误差会增大,预测结果会对邻近的实例点非常敏感。如果邻近的实例点恰巧是噪声,则预测就会出错。仍然采用例 2-1 中的程序,在原有数据的基础上加入一个噪声数据 [37,35],分类时将其分到 1 类,代表 ● 样本,即活跃的学生。在 kNN 分类调用时,分别将 k 设置为 1 和 5,图形展示如图 2-5 所示。在本例中,实际期望得到活跃与不活跃学生的大体情况,即得到喜欢关注活动公告的学生也喜欢参加校活动,同时不喜欢关注活动公告的学生也不喜欢参加校活动的结论。如果存在图 2-5 中测试点的数据分类,在 k 设定为 1 时,测试点代表的学生就是活跃的学生,显然不能代表大多数情况的特点;而在 k 设定为 5 时,却是希望得到的结论。换句话说,k 值的减小就意味着整体模型变得复杂,容易发生过拟合。

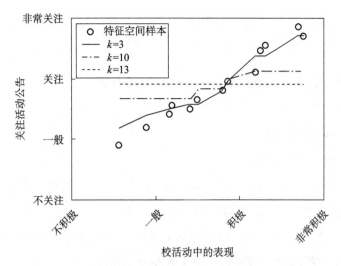

图 2-4 *k* 设定值过大学生活跃表现回归结果失去意义

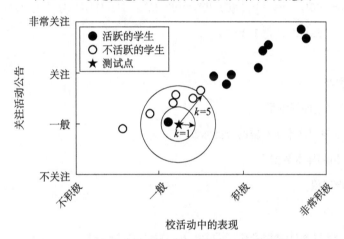

图 2-5 *k* 设定值过小出现学生活跃表现分类的过拟合

下面通过更改例2-1的程序，验证图2-5中的结论，更改后的完整代码如例2-4中所示。

【例 2-4】演示 kNN 分类器过小后的分类情况。

代码如下。

演示 kNN 分类器过小
后的分类情况讲解视频

```python
# *_*coding:utf-8 *_*
import numpy as np
import warnings


from sklearn import neighbors
```

```
'''
构建实验数据，基于例 2-1 数据增加 [37,35] 和对应标签‘1’
'''
def createDataSet():
    dataSet = np.array(
        [[19, 30], [30, 40], [39, 47], [40, 52], [47, 50], [50, 55],
       [37,35],[60, 60], [62, 65], [73, 70],
            [75, 82], [77, 85], [90, 95], [92, 90]])   # 14 位学生的数据
    # 对 14 位学生加入分类标签，0 为不活跃，1 为活跃
    labels = ['0', '0', '0', '0', '0', '0', '1', '1', '1', '1', '1', '1', '1', '1']
    return dataSet, labels
'''
构建 kNN 分类器
dataSet：特征空间样本集
labels：特征空间样本集对应的分类标签
testData：预测样本数据
k：k 近邻的设定值
'''
def knnClassifier(dataSet, labels, testData, k):
knn = neighbors.KNeighborsClassifier(k)   # 取得 kNN 分类器
knn.fit(dataSet, labels)   # 导入数据进行训练
    return knn.predict([testData])


'''
执行程序
'''
if __name__ == "__main__":
    dataSet, labels=createDataSet() # 取得特征空间样本，即 13 名学生活动情况数据
    warnings.filterwarnings('ignore') # warning 信息不打印，可有可无
```

```
# 求得 k=1 时预测样本的分类结果
print('k=1时, 预测样本分类结果为: ', knnClassifier(dataSet, labels, [41,33], 1))
# 求得 k=5 时预测样本的分类结果
print('k=5时, 预测样本分类结果为: ', knnClassifier(dataSet, labels, [41,33], 5))
```

运行结果：

```
k=1 时, 预测样本分类结果为: ['1']
k=5 时, 预测样本分类结果为: ['0']
```

其中测试样本数据 [41,33]，即待测样本★，[37,35] 为在活跃学生分类中增加的噪声数据。实验运行结果中，当 k=1 时，结果为 1，即认为★属于活跃的学生。但因为其附近的学生大多是非活跃的，所以★更可能为非活跃的学生，但学习的结果为 1，即活跃，这不符合期望的结论。但当 k=5 时，结果为 0，将噪声分类至非活跃区，此时没有影响大局的分类计算，该情况很好地证实了 k 过小时产生的过拟合现象，与图 2-5 中所要表达的意图一致。

任务2.2　k近邻算法实现葡萄酒分类

任务目标

能将 k 近邻分类模型正确应用于葡萄酒分类项目。

任务分析

业务理解与数据准备→数据处理→k 值的选择→建立分类模型→结果分析

任务分解

本任务共设定 8 个子任务，分 8 大步骤完成。

第 1 步：掌握获取数据方法，理解葡萄业务知识。

第 2 步：能通过 Pandas 工具读取葡萄酒业务数据并打标签。

第 3 步：能通过箱线图进行异常值分析。

第 4 步：清洗异常数据。

第 5 步：数据标准化处理。

第 6 步：k 值的学习。

第7步：建立完整的葡萄酒 k 分类器。

第8步：结果分析。

2.2.1 葡萄酒数据的准备

本任务采用 UCI 开放的用于机器学习算法经验分析数据库中的葡萄酒样本数据，完成 kNN 分类算法的演示工作。数据记录了意大利同一地区种植的葡萄酿造的 3 个不同品种的葡萄酒数据，包含了 178 组葡萄酒经过化学分析后记录的 13 种成分的数据。实验数据的下载网址为 http://archive.ics.uci.edu/ml/datasets/Wine。

本次实验的目的是通过未知品种的拥有 13 种成分的葡萄酒，应用 kNN 分类算法，完成葡萄酒分类的判断。

kNN 算法主要通过 k 近邻样本数与样本间距离的关系进行分类判断，故 kNN 分类器对训练数据集中包含的异常值和噪声敏感，而且 k 值的选定也尤为重要。为了较合理地应用 kNN 算法，需要构建 kNN 分类器，主要完成数据处理、建模、分析工作。

第1步：准备数据：使用 Python 导入葡萄酒实验文本数据。

第2步：数据分析，通过画箱线图，分析数据情况，尤其看是否存在异常点。

第3步：数据处理。

■ 数据清洗，求出异常值，进行降噪处理，即修正异常数据。

■ 数据标准化，消除量纲关系及数据分散的问题。

第4步：k 值设定。

■ 分割数据集，分成训练集和测试集（测试集占比为 0.25）。

■ 建立 kNN 模型，基于欧氏距离，根据少数服从多数的投票方法进行分类建模。

■ 用测试集测试模型性能。

■ 利用 5 折交叉验证寻找最佳 k 值，交叉验证寻找最佳 k 值。

■ 将实验结果可视化，选取最佳 k 值。

第5步：构建较理想的 kNN 分类器对葡萄酒进行分类。

第6步：结果分析。

2.2.2 应用Pandas读取葡萄酒实验文本数据

Pandas 提供了一些可将表格型数据读取为 DataFrame 对象的函数，其中

read_csv 函数可实现从文件、URL、文件型对象中加载带分隔符（默认为","）的数据，更详细的介绍请参见官网 https://pandas.pydata.org/pandas-docs/stable/reference/api/pandas.read_csv.html 的描述。

编写通过 Pandas 组件读取葡萄酒实验文本文件 wine.data 数据的方法，代码如下。

```
'''
第1步：准备数据：使用 Python 导入葡萄酒实验文本数据
'''
import pandas as pd
def createDataSet(url):
    #LABEL 代表葡萄酒种类列名标签，A1~A13 代表葡萄酒化学分析的 13 维数据列名标签
    names = ['LABEL', 'A1', 'A2', 'A3', 'A4', 'A5', 'A6', 'A7',
    'A8', 'A9', 'A10', 'A11', 'A12', 'A13']
    dataset = pandas.read_csv(url, names=names)   # 读取指定文件 wine.
   data 的数据
orginData = dataset.iloc[range(0, 178), range(1, 14)] # Pandas 中
的 iloc 基于整数的下标定位选择 A1~A13 的数据
    X = orginData.values  # 获取数据
    Y = dataset.iloc[range(0, 178), range(0, 1)].values.reshape(1,
178)[0]# Pandas 中的 reshape 方法重塑数据
    return names,dataset,orginData,X,Y # 返回 names,dataset,orginData,X,Y 值
```

在主程序中编写调用读取数据的方法 createDataSet，代码如下。

```
if __name__ == "__main__":
    url = "../datas/wine.data" # 葡萄酒原数据存储位置
    names, dataset, orginData, X, Y=createDataSet(url)
    print(' 标签名 names:',names)
    print(' 葡萄酒数据 dataset:',dataset)
    print('orginData:', orginData)
    print('X:', X)
    print('Y:', Y)
```

运行结果：

标签名 names: ['LABEL', 'A1', 'A2', 'A3', 'A4', 'A5', 'A6', 'A7', 'A8', 'A9', 'A10', 'A11', 'A12', 'A13']

葡萄酒数据 dataset:

	LABEL	A1	A2	A3	A4	A5	...	A8	A9	A10	A11	A12	A13
0	1	14.23	1.71	2.43	15.6	127	...	0.28	2.29	5.64	1.04	3.92	1065
1	1	13.20	1.78	2.14	11.2	100	...	0.26	1.28	4.38	1.05	3.40	1050
2	1	13.16	2.36	2.67	18.6	101	...	0.30	2.81	5.68	1.03	3.17	1185
3	1	14.37	1.95	2.50	16.8	113	...	0.24	2.18	7.80	0.86	3.45	1480
4	1	13.24	2.59	2.87	21.0	118	...	0.39	1.82	4.32	1.04	2.93	735
..	...	...	...	...	...	...	...	...	...	...	...	...	...
173	3	13.71	5.65	2.45	20.5	95	...	0.52	1.06	7.70	0.64	1.74	740
174	3	13.40	3.91	2.48	23.0	102	...	0.43	1.41	7.30	0.70	1.56	750
175	3	13.27	4.28	2.26	20.0	120	...	0.43	1.35	10.20	0.59	1.56	835
176	3	13.17	2.59	2.37	20.0	120	...	0.53	1.46	9.30	0.60	1.62	840
177	3	14.13	4.10	2.74	24.5	96	...	0.56	1.35	9.20	0.61	1.60	560

[178 rows x 14 columns]

orginData:

	A1	A2	A3	A4	A5	A6	...	A8	A9	A10	A11	A12	A13
0	14.23	1.71	2.43	15.6	127	2.80	...	0.28	2.29	5.64	1.04	3.92	1065
1	13.20	1.78	2.14	11.2	100	2.65	...	0.26	1.28	4.38	1.05	3.40	1050
2	13.16	2.36	2.67	18.6	101	2.80	...	0.30	2.81	5.68	1.03	3.17	1185
3	14.37	1.95	2.50	16.8	113	3.85	...	0.24	2.18	7.80	0.86	3.45	1480
4	13.24	2.59	2.87	21.0	118	2.80	...	0.39	1.82	4.32	1.04	2.93	735
...	...	...	...	...	...	...	...	...	...	...	...	...	...
173	13.71	5.65	2.45	20.5	95	1.68	...	0.52	1.06	7.70	0.64	1.74	740
174	13.40	3.91	2.48	23.0	102	1.80	...	0.43	1.41	7.30	0.70	1.56	750
175	13.27	4.28	2.26	20.0	120	1.59	...	0.43	1.35	10.20	0.59	1.56	835
176	13.17	2.59	2.37	20.0	120	1.65	...	0.53	1.46	9.30	0.60	1.62	840
177	14.13	4.10	2.74	24.5	96	2.05	...	0.56	1.35	9.20	0.61	1.60	560

[178 rows x 13 columns]

X: [[1.423e+01 1.710e+00 2.430e+00 ... 1.040e+00 3.920e+00 1.065e+03]

[1.320e+01 1.780e+00 2.140e+00 ... 1.050e+00 3.400e+00 1.050e+03]

[1.316e+01 2.360e+00 2.670e+00 ... 1.030e+00 3.170e+00 1.185e+03]

```
...
[1.327e+01 4.280e+00 2.260e+00 ... 5.900e-01 1.560e+00 8.350e+02]


[1.317e+01 2.590e+00 2.370e+00 ... 6.000e-01 1.620e+00 8.400e+02]
[1.413e+01 4.100e+00 2.740e+00 ... 6.100e-01 1.600e+00 5.600e+02]]
Y: [[1 1 1 1 1 1 1 1 1 1 1 1 1 1 1 1 1 1 1 1 1 1 1 1 1 1 1 1 1 1 1 1 1 1 1
  1 1 1 1 1 1 1 1 1 1 1 1 1 1 1 1 1 1 1 1 1 1 1 2 2 2 2 2 2 2 2 2 2 2 2 2
  2 2 2 2 2 2 2 2 2 2 2 2 2 2 2 2 2 2 2 2 2 2 2 2 2 2 2 2 2 2 2 2 2 2 2 2
  2 2 2 2 2 2 2 2 2 2 2 2 2 2 2 2 2 2 2 2 2 3 3 3 3 3 3 3 3 3 3 3 3 3 3 3
  3 3 3 3 3 3 3 3 3 3 3 3 3 3 3 3 3 3 3 3 3 3 3 3 3 3 3 3 3 3 3 3 3 3]]
```

dataset 中记录了葡萄酒数据集 wine.data 的数据，共计 14 列，其中 LABEL 对应列记录了葡萄酒的 3 个种类：1、2 和 3。对应的 A1 ～ A13 记录了每种葡萄酒中含有的 13 种成分的数据，分别为酒精（Alcohol）、苹果酸（Malic acid）、灰（Ash）、灰分的碱度（Alcalinity of ash）、镁（Magnesium）、总酚（Total phenols）、类黄酮（Flavanoids）、非黄烷类酚（Nonflavanoid phenols）、原花青素（Proanthocyanins）、颜色强度（Color intensity）、色调（Hue）、稀释葡萄酒的 OD280 / OD315（OD280/OD315 of diluted wines）和脯氨酸（Proline）。

2.2.3　数据分布可视化分析

通过数据分布情况，判断数据是否符合 kNN 分类建模的需求，是一件必要的事情。通过肉眼查看大量的数据很难判断，可借助数据的各个统计量进行分析。Pandas 提供了 describe 函数，使用户通过非常简单的操作就能计算出常用的统计量。例如：

■ DataFrame.count：计算 DataFrame 中非 NA / null 数据的数量。

■ DataFrame.max：对象中的最大值。

■ DataFrame.min：对象中的最小值。

■ DataFrame.mean：数据的平均值。

■ DataFrame.std：标准偏差。

■ DataFrame.select_dtypes：DataFrame 的子集包含 / 排除基于其 dtype 的列。

Pandas 提供的 describe 函数更详细的应用可参见官网 https://pandas.pydata.org/pandas-docs/stable/reference/api/pandas.DataFrame.describe.html 的描述。

下面通过 Pandas 组件分析葡萄酒实验文本文件 wine.data 的数据。

1. 通过 describe 函数分析葡萄酒 13 种成分的统计情况

```
print(orginData.describe())    # 求数据的各个统计量
```

这 13 种成分（A1 ～ A13）共有 178 组数据，针对每个成分对平均值、方差、最小值，以及 178 行数据的 25%、50%、70% 的情况和最大值进行了统计展示。可以看出数据间的大小差别较大，稳定度也不是很好，这些都会影响后期的数据计算。

2. 通过箱线图分析葡萄酒 13 种成分的统计情况

为了更好地展示 13 种成分数据的分布情况，分析数据不稳定因素是否会有异常点的存在，可将数据可视化为箱线图，通过肉眼直观地分析数据情况，尤其看是否存在异常点。代码如下。

```
import matplotlib.pyplot as plt
def boxPlot(orginData):
    plt.style.use('seaborn-darkgrid')
    plt.rcParams['axes.unicode_minus'] = False   # 用来正常显示负号
    p = orginData.plot(kind='box', subplots=True, layout=(4, 4),
  sharex=False, sharey=False, )
    plt.show()
```

在主程序中编写调用数据生成箱线图的方法 boxPlot，代码如下。

```
if __name__ == "__main__":
    # 调用 createDataSet 方法
    url = "../datas/wine.data"   # 原数据存储位置
    names, dataset, orginData, X, Y=createDataSet(url1)
    # 数据分析，数据统计，画箱线图
boxPlot(orginData)
```

运行结果：

orginData 数据的各个统计量：

	A1	A2	A3	...	A11	A12	A13
count	178.000000	178.000000	178.000000	...	178.000000	178.000000	178.000000
mean	13.000618	2.336348	2.366517	...	0.957449	2.611685	746.893258
std	0.811827	1.117146	0.274344	...	0.228572	0.709990	314.907474
min	11.030000	0.740000	1.360000	...	0.480000	1.270000	278.000000
25%	12.362500	1.602500	2.210000	...	0.782500	1.937500	500.500000
50%	13.050000	1.865000	2.360000	...	0.965000	2.780000	673.500000
75%	13.677500	3.082500	2.557500	...	1.120000	3.170000	985.000000
max	14.830000	5.800000	3.230000	...	1.710000	4.000000	1680.000000

[8 rows x 13 columns]

图 2-6 所示为葡萄酒 13 种成分数据的箱线图，展示了葡萄酒 13 种成分（A1 ～ A13）的数据分布情况，上四分位、下四分位和中位线的分布并不均匀，尤其是 A2 ～ A5、A9 ～ A11 成分中存在异常数据。

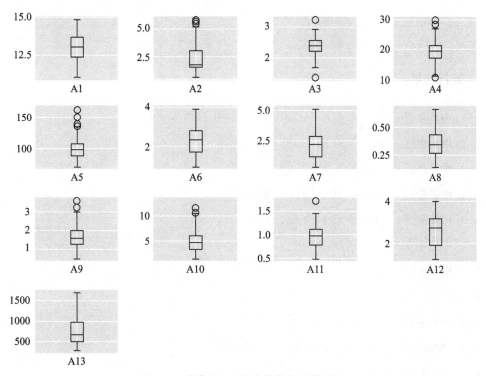

图 2-6　葡萄酒 13 种成分数据的箱线图

2.2.4　数据清洗

异常数据的存在直接影响 kNN 的分类结果，在进行正式的 kNN 建模前，很有必要去除葡萄酒中的异常数据，进行数据的降噪处理，即修正异常数据，为后期的 kNN 建模做好特征空间样本的准备工作。

分析葡萄酒实验文本文件 wine.data 的数据异常值，并对其进行更改。

编写数据清洗的方法，代码如下。

```python
def clearnData(orginData):
    p = orginData.boxplot(return_type='dict')
    for i in range(13):
        y = p['fliers'][i].get_ydata()    # 查找离群点，进行修正
```

```
        print('A', i + 1, '中异常值 :', y)
```

在主程序中编写调用数据清洗的方法 clearnData，代码如下。

```
if __name__ == "__main__":
    #clearnData(orginData)
```

运行结果：

```
A 1 中异常值 : []
A 2 中异常值 : [5.8   5.51 5.65]
A 3 中异常值 : [1.36 3.22 3.23]
A 4 中异常值 : [10.6 30.   28.5 28.5]
A 5 中异常值 : [151. 139. 136. 162.]
A 6 中异常值 : []
A 7 中异常值 : []
A 8 中异常值 : []
A 9 中异常值 : [3.28 3.58]
A 10 中异常值 : [10.8   13. 11.75 10.68]
A 11 中异常值 : [1.71]
A 12 中异常值 : []
A 13 中异常值 : []
```

运行结果显示出箱线图中展示的葡萄酒 13 种成分中 A2 ～ A5、A9 ～ A11 成分中异常数据的具体值。此时，需要对异常值进行处理，处理的方法与业务有直接的关系，如果去掉数据对应用模型本身没有影响，则可去掉异常值。否则，需要依据一定的算法对异常值进行更改、替换，如采用邻近数据的平均值、专家的印象值等。这里依据异常样本数据的前后值，进行人为近似估计更改这些异常值，例如，A2 异常值 5.8 前后的数据分别为 4.43 和 4.31，所以估计该异常值为 4.37，取前后数据的平均值。然后再重新运行实例，直到没有异常值后再进行 kNN 分类器的建模。葡萄酒异常值与修正值如表 2-2 所示。

表 2-2 葡萄酒异常值与修正值

成分标签	异常值→修正值
A2	5.8→4.37，5.51→4.16，5.65→3.21
A3	1.36→2.4，3.22→2.61，3.23→2.58
A4	10.6→16.4，30→23.44，28.5→23.25，28.5→23
A5	151→106.5，139→94，136→106.5，162→116
A9	3.28→2.41，3.58→1.855
A10	10.8→7.85，13→7.74，11.75→7.7，10.68→8.44
A11	1.71→0.94

将修正后的数据存储于 wine-clean.data 文件中，将 url 数据指定至修正后的文件中，更改代码如下。

```
url = "../datas/wine-clean.data"  # 修正后的数据存储位置
```

在主程序中重新调用数据清洗的方法 clearnData，运行结果如下。

```
A 1 中异常值：[]
A 2 中异常值：[]
A 3 中异常值：[]
A 4 中异常值：[]
A 5 中异常值：[]
A 6 中异常值：[]
A 7 中异常值：[]
A 8 中异常值：[]
A 9 中异常值：[]
A 10 中异常值：[]
A 11 中异常值：[]
A 12 中异常值：[]
A 13 中异常值：[]
```

运行结果中已经没有异常值，可以将修正后的数据进行 kNN 建模应用了。

2.2.5 数据标准化

在 2.1.2 节的 kNN 分类计算中，如果将活跃学生（类别为 1）的数据缩小为原来的 1/100 再参与计算，则当 $k=7$ 时，计算结果将不是预期的结果。这是由于数据差异大，在进行距离计算时，计算机本身外计算原理导致计算结果出现偏差导致的。除此之外，当业务数据取决于多个因素时，有可能各因素在测量时的单位也并不一致。数据标准化的目的就是在不影响各维度因素间数量关系的情况下，收敛数据间大小的差异（如将数据映射到 0 ~ 1 范围之内）和取消各维数据间数据的差别转化为无量纲的表达式，成为纯量，避免因为输入、输出数据数量级差别较大而造成应用模型计算误差较大。

本节葡萄酒实验数据标准化使用了 Sklearn 组件中的 StandardScaler 函数，应用了基于 z-score 标准化的计算公式，其参考公式为

$$X = \frac{x - \mu}{\sigma}$$

式中，x 为需要进行标准化的原始数据；μ 为所有样本数据的平均值；σ 为所有样本数据的标准差，$\sigma \neq 0$。

葡萄酒实验文本文件 wine.data 数据标准化的实现具体如下。

```
if __name__ == "__main__":
    # 数据标准化：特征均值方差归一化
    url = "../datas/wine-clean.data"
    names = ['LABEL', 'A1', 'A2', 'A3', 'A4', 'A5', 'A6', 'A7', 'A8',
 'A9', 'A10', 'A11', 'A12', 'A13']
        # 初始化 scalar 对象
pscalar=preprocessing.StandardScaler()
    # 数据标准化
normalData=pscalar.fit_transform(denoiseData)          print('数据标准化
后结果: ', normalData)
```

运行结果：

数据标准化后结果：

```
[[-1.21394365  1.51861254 -0.56906261 ...  0.39346131  1.84791957  1.01300893]

 [-1.21394365  0.24628963 -0.50234086 ...  0.43875109  1.1134493   0.96524152]

 [-1.21394365  0.19687903  0.05049647 ...  0.34817153  0.78858745  1.39514818]

 ...

 [ 1.37386437  0.33275817  1.88057869 ... -1.64457872 -1.48544548  0.28057537]

 [ 1.37386437  0.20923168  0.26972507 ... -1.59928894 -1.40069891  0.29649784]

 [ 1.37386437  1.39508604  1.70900848 ... -1.55399916 -1.42894777 -0.59516041]]
```

2.2.6　k值的选择

数据处理后，在正式建立可用模型之前，设定一个正确的 k 值显得尤为重要。如果 k 值设定不合理，可能会导致分类正确率下降，或出现过拟合、欠拟合等情况。

为了设定较合理的 k 值，本节首先将可用数据集进行 1∶3 的分割，其中 25% 的数据作为测试集，75% 的数据作为训练集。分割后的数据集应用于 kNN 模型，通过性能分析及交叉验证，求取最合理的 k 值，参与最终的 kNN 葡萄酒分类器的建模。

kNN 葡萄酒分类器建模中 k 值的选定实现如下。

（1）分割数据集，分成训练集和测试集（测试集占比为 25%）。

将标准化后的数据 normalData 进行分割，打印出分割后各数据集的长度，代码如下。

```
# 分割数据集，分成训练集和测试集（测试集占比为 25%）
X_n = normalData
y_n = denoiseData.iloc[range(0, 178), range(0, 1)].values.reshape(1, 178)[0]
X_train, X_test, y_train, y_test = model_selection.train_test_
split(X_n, y_n, random_state=4)
print('X 测试集样本的个数：',len(X_test))
print('X 训练集样本的个数：', len(X_train))
print('y 测试集样本的个数：', len(y_test))
print('y 训练集样本的个数：', len(y_train))
```

运行结果：

```
X 测试集样本的个数：45
X 训练集样本的个数：133
y 测试集样本的个数：45
y 训练集样本的个数：133
```

运行结果验证了标准化后的数据集进行分割后，测试集占比约为 25%，训练集占比约为 75%。

（2）基于欧氏距离，建立 kNN 模型，基于训练集与测试集应用 kNN 模型，测试模型性能，代码如下。

```
# 建立 kNN 模型，基于欧氏距离，以少数服从多数的投票方法进行分类建模
knn1 = neighbors.KNeighborsClassifier(n_neighbors=5)  # k 值设定为 5
knn1.fit(X_train, y_train)
    print(knn1.score(X_test, y_test)) # 打印出给定测试数据和标签的平均精度
```

运行结果：

```
    1.0
```

（3）利用 5 折交叉验证寻找最佳 k 值，交叉验证寻找最佳 k 值，代码如下。

```
if __name__ == "__main__":
    # 利用 5 折交叉验证寻找最佳 k 值，交叉验证寻找最佳 k 值
    k_range = [2 * i + 1 for i in range(11)]
    k_ranges = [str(i) for i in k_range]
    k_scores = []
    for k in k_range:
knn = neighbors.KNeighborsClassifier(n_neighbors=k)
        scores = model_selection.cross_val_score(knn, X_n, y_n, cv=5,
    scoring='accuracy')
        k_scores.append(scores.mean())
```

将实验结果可视化，选取最佳 k 值，建立画图的方法 drawPlot，代码如下。

```
# 画图
def drawPlot(k_range,k_ranges,k_scores):
zhfont = FontProperties(fname='C:/Windows/Fonts/simsun.ttc',
size=12)
    fig = plt.figure()
plt.figure(figsize=(6, 4.5), dpi=80)
    ax = plt.subplot(111)
    figure1 = plt.figure()
selectKImg = figure1.add_axes([0.11, 0.1, 0.8, 0.8])


plt.ylim(0.9, 1)
plt.xticks(k_range, k_ranges)
plt.xlabel('k 的设定值 ', fontproperties=zhfont)
plt.ylabel(' 交叉验证的准确率 (%)', fontproperties=zhfont)


selectKImg.plot(k_range, k_scores, color="blue", marker='', lw=1)
selectKImg.scatter(k_range, k_scores, color='red', s=50)


plt.grid()   # 生成网格
plt.show()
```

在主方法中调用画图的方法 drawPlot：

```
drawPlot(k_range, k_ranges, k_scores)
```

k 值设定为整数，一般不建议太大，最好小于 20。本实验在 1,3,5,…,21 的 k 值下，进行 kNN 模型的 5 折交叉验证，结果表明，随着 k 值从 1 开始逐渐增大，交叉验证准确率逐渐提升，当 $k=5$ 时达到峰值；随后虽然曲线呈波浪式波动，但总体呈下降趋势；虽然在 $k=21$ 时交叉验证准确率又有所提升，但不建议 k 值取得过大，故本次实验数据 kNN 建模时，建议 k 取值为 5。

kNN 模型不同 k 值与交叉验证准确率的关系如图 2-7 所示。

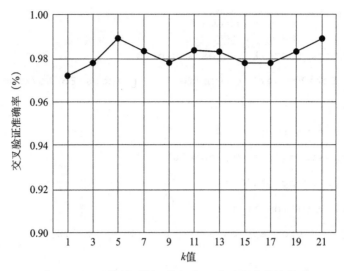

图 2-7 kNN 模型不同 k 值与交叉验证准确率的关系

2.2.7 构建完整可用的葡萄酒kNN分类器

经过之前葡萄酒数据的分析与验证，证明此次在 Sklearn 下基于欧氏距离建模时的准确率一直很高，针对本次采样的样本数据，当 $k=5$ 时，分类效果尤佳。下面进行葡萄酒 kNN 分类器的程序编写与实现。

在 Sklearn 工具下基于欧氏距离建模，k 取值为 5 时，kNN 葡萄酒分类器的实现代码如下。

```python
import pandas
import matplotlib.pyplot as plt
from sklearn import preprocessing
from sklearn import neighbors
from sklearn import model_selection


if __name__ == "__main__":
    # 对处理后的葡萄酒数据集进行标准化
    url = "../datas/wine-clean.data"
    names = ['LABEL', 'A1', 'A2', 'A3', 'A4', 'A5', 'A6', 'A7', 'A8', 'A9',
'A10', 'A11', 'A12', 'A13']
```

```
denoiseData = pandas.read_csv(url, names=names)
normalData = preprocessing.StandardScaler().fit_transform(denoiseData)
    # 分割数据集，分成训练集和测试集（测试集占比为 25%）
    X_n = normalData
    y_n = denoiseData.iloc[range(0, 178), range(0, 1)].values.
  reshape(1, 178)[0]
    X_train, X_test, y_train, y_test = model_selection.train_
  test_split(X_n, y_n, random_state=4)
    # 求得 k=5 时，预测样本分类结果
knn = neighbors.KNeighborsClassifier(n_neighbors=5)   # 取得 kNN 分类器
knn.fit(X_train, y_train)   # 导入数据进行训练
    print('k=5 时，X_test 测试数据集经过 kNN 葡萄酒分类器计算的分类结果：',
  knn.predict(X_test))
    print('X_test 测试数据集葡萄酒实际分类数据：', y_test)
```

运行结果：

```
k=5 时，X_test 测试数据集经过 kNN 葡萄酒分类器计算的分类结果：
    [3 3 1 1 2 3 1 2 1 2 2 1 3 3 1 2 1 2 2 3 2 3 2 3 1 3 2 2 3 3
 1 2 1 2 3 3 1 1 1 3 3 1 1 2 2]
X_test 测试数据集葡萄酒实际分类数据：
    [3 3 1 1 2 3 1 2 1 2 2 1 3 3 1 2 1 2 2 3 2 3 2 3 1 3 2 2 3 3
 1 2 1 2 3 3 1 1 1 3 3 1 1 2 2]
```

2.2.8　结果分析

本次实验最终的 kNN 葡萄酒分类器模型，在基于欧氏距离及 k=5 的情况下，kNN 分类结果与实际数据分类情况 100% 吻合。实际项目中，很难遇到这种情况，也说明本次数据具有极强的代表性。此外，本次实验样本在没有进行数据去噪处理，即带有异常值的情况下，分类结果仍然达到了 100%，说明本次 kNN 建模具有一定的抗噪功能。

2.3 项目复盘

在任务 2.1 中，主要完成 kNN 基本理论的介绍。首先通过简单的学生分类数据，介绍 kNN 分类的基本理论，并同时提供 Python 的手写数据，对 kNN 模型的内部实现原理进行演示。然后通过 Python 下的机器学习工具 Sklearn 实现 kNN 功能，以对比的方式演示 kNN 的实现过程。

在任务 2.2 中，通过实际的葡萄酒数据，演示了机器学习的实际编程过程，进一步演示 kNN 建模过程。

本次实验数据在 kNN 分类器建模中取得了非常理想的分类结果。但实际项目中，可能存在验证准备率并不很高的情况，用户可进一步通过降维、加权等手段对数据进行处理，以降低 kNN 分类器计算的时空复杂度。

2.4 实操练习

1. 试述 kNN 算法核心思想中最关键的两个知识点。
2. 在模式识别中，kNN 最基本的雏形一般应用于哪两类业务分析中？
3. 请独立完成例 2-1 中的 Python 编程。
4. 请独立完成例 2-2 中的 Python 编程。
5. 请举例说明 kNN 算法应用过程中可能出现的过拟合情况。
6. 试述任务 2.2 中 kNN 算法实现葡萄酒分类中 k 的学习过程。
7. 试述任务 2.2 中发现异常值的方法，并完成其 Python 编程。
8. 试述你对清洗数据的理解。
9. 试述数据标准化的原因。
10. 试述你对 k 折交叉验证的理解。
11. 独立完成任务 2.2 中 kNN 算法实现葡萄酒分类的 Python 编程。

参考答案

项目3
线性回归预测与逻辑回归分类

　　线性回归算法是使用线性方程对数据集进行拟合的算法，是一种常见的回归算法。其应用场景较为广泛，如用于同一平台不同坐标系间数据的对应转换、大地坐标与经纬坐标的转换、医院病床数与病患间的关系等。在回归中，也可以通过为回归的数据打上离散的标签实现分类的问题。本项目首先从最简单的单变量线性回归算法开始，应用一个广告投放与销售量的案例，探讨线性回归的基本理论、实现方法、评估方法与常见的欠拟合和多重共线性问题。然后通过波士顿房价线性回归预测进行案例演示。最后通过逻辑回归分析鸢尾花分类与模型的性能指标，展示回归分类求解的过程。

任务列表

任务名称	任务描述
任务 3.1　项目准备	理解线性回归主要知识点：基本形式、最小二乘法、模型评估、欠拟合、多重共线性、岭回归
任务 3.2　波士顿房价线性回归预测	应用回归模型进行波士顿房价预测，包括数据下载、数据 Pandas 读取、Matplotlib 数据可视化分析、特征降维处理、线性回归模型分析、多项式应用
任务 3.3　鸢尾花逻辑回归分类	逻辑回归函数在回归分类中的作用、应用逻辑回归模型实现鸢尾花分类、应用指标 ROC 和 AUC 对分类模型进行性能评估

学习目标

最终目标：

能正确应用线性回归预测模型和逻辑回归分类的知识进行建模。

促成目标：

能理解线性回归基本知识。

能应用 Sklearn 编写线性回归预测与逻辑回归分类模型。

能借助可视化图形与数据进行回归模型的欠拟合与多重共线性的分析。

能进行线性模型评估与性能分析。

任务3.1　项目准备

任务目标

能理解线性回归基本形式。

能正确应用 Sklearn 工具进行回归模型建模和评估。

能理解欠拟合与多重共线性的知识。

任务分析

理解线性回归基本知识→ Sklearn 工具建模→模型评估→欠拟合问题→多重共线性问题→岭回归

任务分解

本任务共设定 6 个子任务，分 6 大步骤完成。

第 1 步：理解线性回归模型的基本形式。

第 2 步：应用 Sklearn 实现最小二乘线性回归模型。

第 3 步：回归方程评估：应用 Sklearn 实现线性回归模型的评估。

第 4 步：欠拟合问题：通过广告投入与销售额线性回归分析，理解欠拟合知识。

第 5 步：多重共线性的问题：在第 4 步中增加线性相关的特征，体会多重共线性问题。

第 6 步：岭回归：应用 Sklearn 实现岭回归，在一定程度上解决多重共线性问题。

3.1.1 线性回归基本知识

k近邻算法回归应用是非线性的，最终没有定义一个数学模型，只是能很好地做出预测。而线性回归（Linear Regression）能够用一条直线较为精确地描述数据之间的关系，这种关系符合一个方程式。这样当出现新数据时，就能够预测出一个简单的值。在统计学中，线性回归表述为线性回归方程的最小平方函数对一个或多个自变量和因变量之间的关系进行建模的一种回归分析。可以说，线性回归应用了数理统计中的回归分析理论，用来确定两种或两种以上变量间相互依赖的定量关系。其基本表述形式如式（3-1）所示：

$$f(x) = \omega_1 x_1 + \omega_2 x_2 + \cdots + \omega_n x_n + b \qquad (3\text{-}1)$$

式中，$f(x)$表示因变量；$x_1, x_2, \cdots, x_n$表示自变量；$\omega_1, \omega_2, \cdots, \omega_n$表示自变量系数；$b$是常量。在该线性回归方程中，如果$n=1$，即只包括一个自变量和一个因变量，则称为一元线性回归分析；如果$n > 1$，即包括两个或两个以上的自变量，则称为多元线性回归分析。

在机器学习中，往往因变量$f(x)$用来描述要学习的结果，$x_1, x_2, \cdots, x_n$表示影响学习结论的各特征因素，这些特征因素和结果都是线性的，$\omega_1, \omega_2, \cdots, \omega_n$表述对应因素对$f(x)$影响的权重。如果$\boldsymbol{x} = \{x_1, x_2, \cdots, x_n\}$，$\boldsymbol{\omega} = \{\omega_1, \omega_2, \cdots, \omega_n\}$，则式（3-1）可表述为式（3-2）的形式：

$$f(\boldsymbol{\omega}, \boldsymbol{x}) = \boldsymbol{\omega}^{\mathrm{T}} \cdot \boldsymbol{x} + b \qquad (3\text{-}2)$$

这种函数称为一个或多个回归系数的模型参数的线性组合。在只有一个自变量的情况下称为简单回归，大于一个自变量时叫作多元回归。对于$f(\boldsymbol{\omega}, \boldsymbol{x})$，求解$\boldsymbol{\omega}$等价于求解一个含有众多参数的线性矩阵方程，需要建立足够的约束条件才能得到唯一解。但在实际业务中，求解唯一解往往代价过大，而且在一些情况下，只要求求解超定方程组的近似最优解，即参数满足估计值与实际值的方差最小，使得定义的损失函数取得最小值。求解的方法很多，如最小二乘法等。

3.1.2 普通最小二乘法

线性回归拟合的目标是要得到输出向量$f(\boldsymbol{x})$和输入特征$\boldsymbol{x}$之间的线性关系，即求解ω、截距b的值，尽量达到实际值与拟合值之间距离最小。如图3-1所示，演示了只有一个输入特征，即单变量线性回归模型的普通最小二乘法。其中〇表示实际的值，直线 $f(x)=\omega x+b$ 表示拟合出的能够说明实际值趋势的直线，d 示意了实际值 (x_1,y_1) 与拟合出来的曲线对应的拟合值 $\left(x_1',y_1'\right)$ 之间的差，如果每一个实际值与拟合值对应的距离最小，即是普通最小二乘法求解出来的回归方程，即 $f(x)=\omega x+b$。

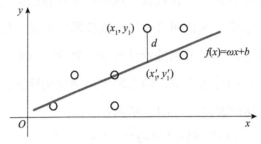

图 3-1　普通最小二乘法

Sklearn 提供了丰富的线性回归算法类库，通过下面的命令导入线性模型：

```
from sklearn.linear_model import LinearRegression
```

【例 3-1】普通最小二乘法实现过程演示。

代码如下。

依据已有数据求解
回归方程讲解视频

```
import numpy as np
from sklearn.linear_model import LinearRegression


if __name__ == "__main__":
    x_data = np.array([1,2,3,5,7])      # x轴原始数据
    y_data = np.array([4,8,9,10,19])    # y轴原始数据


    # 转一下维度, Sklearn 框架才能识别
    x_data = x_data[:, np.newaxis]
    y_data = y_data[:, np.newaxis]


    model = LinearRegression()    # 建立线性回归模型
    model.fit(x_data, y_data)     # 开始训练
```

```
# 求解 f(x)=wx+b 模型
print("w = ", model.coef_[0]," b= ", model.intercept_)
```

运行结果：

```
w =  [2.15517241]  b=  [2.24137931]
```

为了便于观察，可将原始值与求解的线性方程可视化。

将求解的回归方程 $y=2.15517241x+2.24137931$ 以直线的形式显示，将原数据以散点的形式显示。其中求解方程对应的预测值可通过线性回归的 predict 方法求解，代码如下。

```
predict = model.predict(x_data)   # 求解预测值
```

导入画图工具 Matplotlib 工具包，代码如下。

```
import matplotlib.pyplot as plt
```

可视化求解的线性方程与原始值讲解视频

将原始值 y_data 与求解的线性方程对应的预测值 predict 可视化，代码如下。

```
plt.figure(figsize=(6, 4), dpi=60)
plt.xlabel(u'x')
plt.ylabel(u'f(x)')
plt.plot(x_data, y_data, "b.")
plt.plot(x_data, predict, "r")
plt.show()
```

运行结果：

普通最小二乘法实际值与预测值可视化如图 3-2 所示。

最小二乘解是使用 x 的奇异值分解（Singular Value Decomposition，SVD）进行计算的。如果 x 是 $m \times n$ 的矩阵（即 m 行 n 列），其中 $m \geq n$，则最小二乘法的计算复杂度可计为 $O(mn^2)$。这里 m 代表样本数，n 代表样本数对应的影响因素。

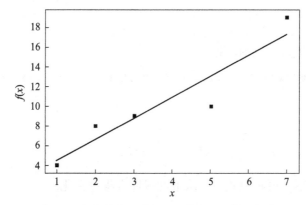

图 3-2　普通最小二乘法实际值与预测值可视化

3.1.3　回归方程评估

针对衡量线性回归方程的评价指标，常用的有残差、SSE（和方差）、MSE（均方误差）、RMSE（均方根误差）、R^2（确定系数）等。

残差：在数理统计中是指所有拟合数据与原始数据（拟合值）之间的差的和，蕴含了回归方程中的误差信息。当用来考察模型假设的合理性及数据的可靠性时，称为残差分析。

SSE（和方差）：是拟合数据和原始数据对应点的误差的平方和。SSE 越接近于 0，说明模型选择和拟合越好，数据预测也越成功。

MSE（均方误差）：是拟合数据和原始数据对应点误差的平方和的均值，即 SSE/n，蕴含知识与 SSE 没有太大的区别。

RMSE（均方根误差）：也称回归系统的拟合标准差，是 MSE 的平方根。

SSR：是拟合数据与原始数据均值之差的平方和。

SST：是原始数据和均值之差的平方和，即 SST=SSE+SSR。

R^2（确定系数）：通过数据的变化来表征一个拟合的好坏，其计算公式如式（3-3）所示。由公式可以看出，R^2 的正常取值范围为 [0,1]，越接近 1，表明方程变量的解释能力越强，模型对数据的拟合程度也越好。

$$R^2 = \frac{\text{SSR}}{\text{SST}} = \frac{\text{SST}-\text{SSE}}{\text{SST}} = 1 - \frac{\text{SSE}}{\text{SST}} \tag{3-3}$$

【例 3-2】对例 3-1 进行模型评估。

线性回归方程模型评估讲解视频

代码如下。

```
    # 模型评估
mse = np.average((predict - np.array(y_data)) ** 2)    #均方误差
rmse = np.sqrt(mse)    #均方根误差
    r2 = model.score(x_data, y_data)    #确定系数
    print('MSE = ', mse, end=' ')
    print('RMSE = ', rmse)
    print('R2 = ',r2)
```

运行结果：

```
 MSE =  2.8482758620689643
 RMSE =  1.6876835787756437
 R2 =  0.8832673827020916
```

评估结果表明例 3-1 中原始值与预估值的误差并不大，确定系统达到大于 88.3% 的准确率，能确定拟合的回归方程基本描述了原始数据蕴含的信息。

3.1.4　欠拟合问题

机器学习中泛化能力强的模型才是好模型，其中模型对训练集以外样本的预测能力即为模型的泛化能力。而过拟合和欠拟合都会导致测试集的泛化性差，在 2.1.3 节中由于学生数据 kNN 模型过分依赖训练数据导致学习过拟合。相对地，如果未能学习训练数据中的关系，也可能导致欠拟合问题。欠拟合是指模型拟合程度不高，数据距离拟合曲线较远，或指模型没有很好地捕捉到数据特征，不能很好地拟合数据。

过拟合和欠拟合是导致模型泛化能力不高的两个常见原因，都是模型学习能力与数据复杂度之间失配的结果。欠拟合常常在模型学习能力较弱而数据复杂度较高的情况下出现，此时模型由于学习能力不足，无法学习到数据集中的"一般规律"，因而导致泛化能力弱。与之相反，过拟合常常在模型学习能力过强的情况下出现，此时的模型学习能力太强，都能捕捉到训练集单个样本自身的特点，并将其作为"一般规律"，同样这种情况也会导致模型泛化能力下降。过拟合与欠拟

合的区别在于，欠拟合在训练集和测试集上的性能都较差，而过拟合往往能较好地学习训练集数据的性质，而在测试集上的性能较差。

解决欠拟合常用的方法有：

■ 增加新特征，可以考虑加入特征组合、高次特征，来增大假设空间；

■ 添加多项式特征，这个在机器学习算法中用得很普遍，例如将线性模型通过添加二次项或三次项使模型泛化能力更强；

■ 减少正则化参数，正则化是用来防止过拟合的，而如果模型出现了欠拟合，则需要减少正则化参数；

■ 使用非线性模型，如应用核计算的 SVM（Support Vector Machine，支持向量机）、决策树、深度学习等模型；

■ 调整模型的容量（capacity），通俗地说，模型的容量是指其拟合各种函数的能力；

■ 容量低的模型可能很难拟合训练集，使用集成学习方法，如 Bagging（Bootstrap aggregating，引导聚集算法），将多个弱学习器 Bagging，又称装袋算法。

本节将应用线性回归基本理论，通过单变量和多变量线性回归模型的程序编写，以及一个广告投放的案例演示线性回归实现过程，增加特征的方法解决模型欠拟合的问题。

【例 3-3】实现电视（TV）、收音机（Radio）和报纸（Newspaper）广告投放与销售额预测回归分析，其数据如图 3-3 所示。

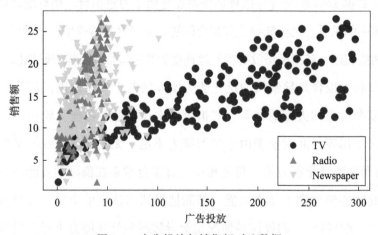

图 3-3　广告投放与销售额对比数据

建立线性回归
模型讲解视频

1. 建立线性回归模型

应用线性回归基本理论，首先对广告投放与销售额数据进行切分，其中 80%
预备作为训练数据，20% 预备作为测试数据。建立线性回归模型，并求得模型的
均方误差、均方根误差和确定系数，用于评估模型。代码如下。

```python
from sklearn.model_selection import train_test_split
from sklearn.linear_model import LinearRegression
# 建立普通线性回归模型


def linearRegressionModel(x, y):
    # 将数据分为测试数据和训练数据两部分
    x_train, x_test, y_train, y_test = train_test_split(x, y,
    train_size=0.8, random_state=1)
    # print(type(x_test))
    # print(x_train.shape, y_train.shape)
linearRegression = LinearRegression()
    model = linearRegression.fit(x_train, y_train)
    # print(model)# 求解 f(x)=wx+b 模型
    w = linearRegression.coef_
    b = linearRegression.intercept_
    order = y_test.argsort(axis=0)
    y_test = y_test.values[order]
    x_test = x_test.values[order, :]
    y_predict = linearRegression.predict(x_test)
mse = np.average((y_predict - np.array(y_test)) ** 2)  # 均方误差
rmse = np.sqrt(mse)  # 均方根误差
    r2_train=linearRegression.score(x_train, y_train)  # 训练
    数据确定系数
    r2_test=linearRegression.score(x_test, y_test)  # 测试数据
    确定系数
```

```
return w,b,x_test,y_test,y_predict,mse,rmse,r2_train,r2_test
```

2. 调用线性回归模型

普通线性回归模型建立成功后，编写调用语句。分别将对销售额有影响的收音机广告投放，电视和收音机广告投放，电视、收音机和报纸广告投放信息数据参与线性回归模型计算，然后求解 3 种情况下的模型评估指标，对比模型的效果，代码如下。

```
import pandas as pd
```

调用线性回归
模型讲解视频

```
if __name__ == "__main__":
    path = '..\\Advertising.csv'
    # Pandas 读入
    data = pd.read_csv(path)
    x = data[[ 'Radio']] # 读入收音机广告投放的信息数据
    x1 = data[['TV', 'Radio']] # 读入电视和收音机广告投放的信息数据
    x2 = data[['TV', 'Radio', 'Newspaper']] # 读入电视、收音机和
报纸广告投放的信息数据
    y = data['Sales'] # 读入销售额信息数据
    # 调用回归模型
    w,b,x_test,y_test,y_predict,mse,rmse,r2_train,r2_
test=linearRegressionModel(x, y)
    w1,b1,x_test1, y_test1, y_predict1, mse1, rmse1, r2_
train1, r2_test1 = linearRegressionModel(x1, y)
    w2,b2,x_test2, y_test2, y_predict2, mse2, rmse2, r2_
train2, r2_test2 = linearRegressionModel(x2, y)


    # 打印确定系数和均方根误差
    print('收音机  R2_train = ', r2_train,' R2_test = ', r2_
test,' RMSE = ', rmse)
    print('电视-收音机  R2_train = ', r2_train1, ' R2_test = ',
r2_test1,' RMSE = ', rmse1)
```

```
    print('电视 - 收音机 - 报纸  R2_train = ', r2_train2, ' R2_
test = ', r2_test2,' RMSE = ', rmse2)
    # 打印方程系数
    print('f(收音机) = ', w, ' x + ', b)
    print('f(电视, 收音机) = ', w1, ' x + ', b1)
    print('f(电视, 收音机, 报纸) = ', w2, ' x + ', b2)
```

求得 3 种情况下的确定系数、均方根误差实际值，多因素参与拟合时比单因素回归效果好很多。这充分说明了，当只有收音机一个因素参与模型计算时，由于信息较少，使线性回归模型的学习能力较弱，不能很好地学习需要的信息，出现欠拟合现象。通过增加新的特征因素，如电视和报纸，可得到较高的拟合结果。

```
    收音机  R2_train=0.32077487337005284 R2_test=0.35713855215895074
RMSE=3.455522114906106
    电视 - 收音机  R2_train=0.8958528468776601 R2_test=0.8947344950027067
RMSE= 1.3982924890777741
    电 视 - 收 音 机 - 报 纸  R2_train=0.8959372632325174 R2_test=0.8927605914615385
RMSE=1.411341756
```

求得 3 种情况下的线性回归方程为：

```
    f(收音机) =  [0.20071881]  x +  9.134125488582198
    f(电视, 收音机) =  [0.04686997 0.1800065 ]  x +  2.9475150360289994
    f(电视, 收音机, 报纸) =  [0.0468431  0.17854434 0.00258619]  x +
2.9079470208164295
```

3. 学习知识可视化

可通过将计算结果可视化，更加直观地理解线性回归模型学习到的知识，代码如下。

线性回归模型可视化

```
import matplotlib as mpl
import matplotlib.pyplot as plt
def linearRegressionPlot(x_test,y_test,y_predict,y_predict1,y_predict2):
```

```
    mpl.rcParams['font.sans-serif'] = ['simHei']

    mpl.rcParams['axes.unicode_minus'] = False

plt.figure(facecolor='w', figsize=(5, 3))

    t = np.arange(len(x_test))

plt.plot(t, y_test, 'r-', linewidth=1, label=' 销售额数据 ')

plt.plot(t, y_predict, '--', linewidth=1, label='Radio-预测值')

plt.plot(t, y_predict1, ':', linewidth=1, label='TV-Radio- 预测值 ')

plt.plot(t, y_predict2, '.', linewidth=1, label='TV-Radio-Newspaper预测值')

plt.legend(loc='upper left')

    #plt.title(' 线性回归预测销售额 ', fontsize=10)

plt.grid(b=True, ls=':')

plt.show()
```

在主函数中编写调用可视化方法的语句，代码如下。

```
if __name__ == "__main__":

    # 模型学习结果可视化

    linearRegressionPlot(x_test, y_test, y_predict, y_predict1, y_predict2)
```

运行结果如图 3-4 所示，其中当 Radio 一个因素参与线性回归的销售额预测时，预测结果与实际销售额相差很大；当增加 TV 和 Newspaper 因素时，预测结果的精度提升了很多。

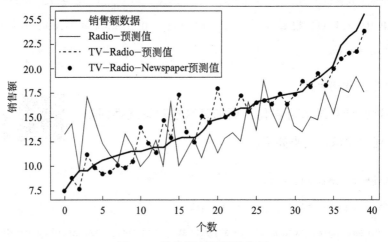

图 3-4　线性回归预测销售额

3.1.5 多重共线性问题

多重共线性（Multicollinearity）是指线性回归模型中的自变量之间由于存在高度相关关系而使模型的权重参数估计失真或难以估计准确的一种情形，多重指一个自变量与多个其他自变量之间存在相关关系。

在3.1.4 节的案例中，在只有收音机广告投放数据时，线性回归的确定系数约为35.7%，准确率很低；而当加入电视广告投放数据时，线性回归的确定系数达到约89.5%，其结果已经可以说明一定问题。均方根误差由 3.45 降至 1.398，在一定程度上解决了欠拟合的问题，但当加入报纸的特征因素时，确定系数有小幅度下降，均方根误差有小幅度上升，使拟合结果呈不好的趋势。这是由于新加入的特征因素与之前因素之间存在多重共线性关系的结果。下面，将进行 3 个特征因素之间的相关关系的计算。

【例 3-4】求解电视（TV）、收音机（Radio）和报纸（Newspaper）广告投放 3 列特征的相关系数。其中，相关系数是指对于一般的矩阵 X，执行 $A=\mathrm{corrcoef}(X)$ 后，A 中每个值所在的行和列，反映的是原矩阵 X 中相应的列向量间的相似程度。

多重共线性问题讲解视频

代码如下。

```
cm = np.corrcoef(df.values.T)
# 控制颜色刻度即颜色深浅
sns.set(font_scale=2)
# 构造关联矩阵
cols = ['TV', 'Radio', 'Newspaper']
#hm = sns.heatmap(cm, cbar=True, annot=True, square=True,
fmt='.2f', annot_kws={
#    'size': 10}, yticklabels=cols, xticklabels=cols)
hm = sns.heatmap(cm, cbar=True, annot=True, square=True,
fmt='.2f', annot_kws={
    'size': 18}, linewidths=.2, vmax=1.0, yticklabels=cols,
xticklabels=cols)
```

```
plt.xticks(rotation=90, fontsize=16)    # 将字体进行旋转
plt.yticks(rotation=360, fontsize=16)
plt.show()
```

运行结果如图 3-5 所示。

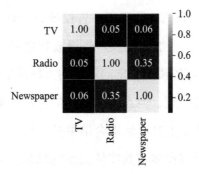

图 3-5   3 列特征的相关系数

从图 3-5 中明显可以看到，Radio 与 Newspaper 具有 35% 的相关系数。这个模式表现得还不够明显，在模型引入 Newspaper 特征因素后，虽然影响了模型的质量，但影响并不大。在有些业务中常常会存在更多的因素，因素间的相关系数有的达到 70% 以上，此种情况，是需要对这些特征因素进行处理后再加入模型的。解决这种共线性的方法有很多，例如，排除引起共线性的变量，将原模型变换为差分模型、应用主成分模型对过多变量进行降维等；也可借用算法模型，如可减小参数估计量方差的岭回归法。

3.1.6   岭回归

当式（3-1）中 x 描述的因素间存在共线性时，通过最小二乘回归得到的系数不稳定，方差也很大。这是因为系数矩阵与其转置矩阵相乘得到的矩阵不能求逆，而岭回归（ridge regression）通过引入 alpha 参数，使得该问题得到解决。

岭回归是一种专用于共线性数据分析的有偏估计回归方法，实质上是一种改良的最小二乘估计法，是通过放弃最小二乘法的无偏性（在反复抽样的情况下，样本均值集合的期望等于总体均值），以损失部分信息、降低精度为代价获得回归系数更为符合实际、更可靠的回归方法，对共线性问题和病态数据的拟合要强于

最小二乘法，常用于多维问题与不适定问题。

图 3-6 展示了岭回归模型的 10 个分量随正则化参数 alpha 变化而变化的趋势。它们代表了不同的相关系数向量特征，随着传入的正则化参数 alpha 的变化而变化。由于变化曲线呈现"脊"的形状，因此岭回归又称为脊回归。

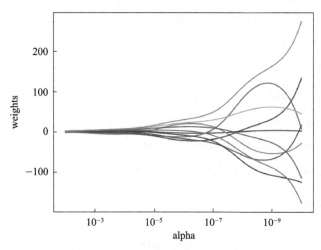

图 3-6 岭系数作为正则化的函数

这个例子展示了岭回归处理病态矩阵（ill-conditioned matrices）的优势。在病态矩阵中每一个目标变量微小的变动都会产生巨大的方差，对于这种情况就需要设置一个比较合适的 alpha 值来减小离差（噪声）。

当 alpha 非常大时，正则化的影响支配了二乘法函数，相关系数趋近于 0。在路径的结尾，当正则参数 alpha 趋近于 0 时，结果解趋近于普通最小二乘法，系数表现出了很大的振荡。在实践中要不断地调节正则参数 alpha，以求在应用过程中寻求一种平衡。

岭回归法的计算复杂度与普通最小二乘法相同。

【例 3-5】基于例 3-4，增加一列与收音机（Radio）广告投放有较强相关关系的数据列 test，分别用线性回归法和岭回归法进行销售额预测，对比两种方法的结果。

（1）构造与收音机（Radio）广告投放这个因素有较强相关关系的数据列 test1 和 test2，代码如下。

岭回归–构造收音机
相关系数讲解视频

```
x = data[['TV', 'Radio']]  # 读入电视、
收音机广告投放的信息数据
```

```
    df = data[['TV', 'Radio', 'Newspaper']]  # 读入电视、收音机和报
纸广告投放的信息数据
    #生成 200 个值为 0~20 的 A 列
    df1 = pd.DataFrame(np.random.uniform(0, 20, size=(200, 1)),
columns=list('A'))
    #生成 200 个值为 0~10 的 B 列
    df2 = pd.DataFrame(np.random.uniform(0, 10, size=(200, 1)),
columns=list('B'))
    df['test1'] = df['Radio'] + df1['A']  # 追加一个列名为 test1 的列
    df['test2'] = df['Radio'] + df2['B']   # 追加一个列名为 test2 的列
```

增加后的结果：

```
         TV    Radio    Newspaper      test1        test2
0      230.1    37.8        69.2     49.960375    45.122703
1       44.5    39.3        45.1     40.478831    41.129792
2       17.2    45.9        69.3     50.524257    53.646255
3      151.5    41.3        58.5     60.325236    46.029513
4      180.8    10.8        58.4     20.721356    16.101270
...     ...     ...         ...        ...          ...
195     38.2     3.7        13.8      6.005832     7.079213
196     94.2     4.9         8.1     17.433418     9.981481
197    177.0     9.3         6.4     29.199468    12.872483
198    283.6    42.0        66.2     53.702705    45.716212
199    232.1     8.6         8.7     19.298708    17.981893
[200 rows x 5 columns]
```

（2）分析 5 个因素间的相关系数，代码如下。

 岭回归–可视化展示 5 个因素间的相关系数讲解视频

```
    import seaborn as sns
plt.figure(figsize=(8, 6), dpi=80)
    cm = np.corrcoef(df.values.T)
```

```
      # 控制颜色刻度即颜色深浅
sns.set(font_scale=2)
      # 构造关联矩阵
      cols = ['TV', 'Radio', 'Newspaper', 'test1','test2']
      hm = sns.heatmap(cm, cbar=True, annot=True, square=True, fmt='.2f',
  annot_kws={
          'size': 18}, linewidths=.2, vmax=1.0, yticklabels=cols,
      xticklabels=cols)
plt.xticks(rotation=90, fontsize=16)    # 将字体进行旋转
plt.yticks(rotation=360, fontsize=16)
plt.show()
```

运行结果：

5 列特征的相关系数如图 3-7 所示。

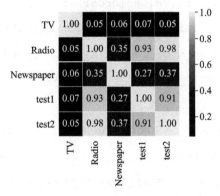

图 3-7　5 列特征的相关系数

图 3-7 中，test1、test2 和 Radio 具有很强的相关性，将这 5 个特征和｛TV',
'Radio｝两个特征分别代入普通最小二乘法（应用例 3-4 中的模型）和岭回归方法
中进行销售额的预测。其中岭回归的模型如下。

岭回归 – 分别定义
逻辑回归模型和岭
回归模型讲解视频

```
def ridgeModel(x, y):
      # 将数据分为测试数据和训练数据两部分
      x_train, x_test, y_train, y_test = train_test_split(x, y,
      random_state=1, train_size=0.8)
```

```
        # model = Lasso()

        model = Ridge()

        alpha_can = np.logspace(-3, 2, 10)

        np.set_printoptions(suppress=True)

        print('alpha_can = ', alpha_can)

        lasso_model = GridSearchCV(model, param_grid={'alpha':
    alpha_can}, cv=5)

        lasso_model.fit(x_train, y_train)

        alpha=lasso_model.best_params_

        #print(' 超参数：\n', alpha)


        order = y_test.argsort(axis=0)

        y_test = y_test.values[order]

        x_test = x_test.values[order, :]

        y_predict = lasso_model.predict(x_test)

        r2_test=lasso_model.score(x_test, y_test)

    mse = np.average((y_predict - np.array(y_test)) ** 2)   # Mean
Squared Error

    rmse = np.sqrt(mse)  # Root Mean Squared Error

        #print(mse, rmse)

        return alpha,x_test,y_test,y_predict,mse,rmse,r2_test
```

进行模型调用，并显示运行结果。

 岭回归 – 分别调用
逻辑回归模型和岭
回归模型讲解视频

```
    # 调用回归模型

    w,b,x_test,y_test,y_predict,mse,rmse,r2_train,r2_
test=linearRegressionModel(x, y)

    w2,b2,x_test2, y_test2, y_predict2, mse2, rmse2, r2_train2,
r2_test2 = linearRegressionModel(df, y)

    alpha1, x_test1, y_test1, y_predict1, mse1, rmse1, r2_
test1=ridgeModel(x, y)
```

```
alpha3, x_test3, y_test3, y_predict3, mse3, rmse3, r2_test3 =
ridgeModel(df, y)
    # 打印确定系数和均方根误差
    print('线性回归: R2_test = ', r2_test,' RMSE = ', rmse)
    print('增加test特征-线性回归: R2_testx = ', r2_test2, ' RMSEx = ',
rmse2)
    print('岭回归: R2_test = ', r2_test1, ' RMSE = ', rmse1)
    print('增加test特征-岭回归: R2_testx = ', r2_test3, ' RMSEx = ',
rmse3)
```

运行结果：

```
alpha_can = [  0.001        0.00359381   0.0129155    0.04641589   0.16681005
               0.59948425   2.15443469   7.74263683   27.82559402  100.     ]
线性回归: R2_test =  0.8947344950027067  RMSE =  1.3982924890777741
增加test特征-线性回归: R2_testx =   0.8911841418963617   RMSEx =
1.421677470979084
岭回归: R2_test =  0.8946087685696369  RMSE =  1.3991272823223249
增加test特征-岭回归: R2_testx =   0.8911936472124835   RMSEx =
1.42161537622037
```

针对此案例，虽然都得到了较理想的结果，但仍能看出，在增加 test 特征因素后，线性回归 R^2 降低约 0.036，RMSE 增加 0.023；而岭回归 R^2 降低 0.035，RMSE 增加 0.022，岭回归对多重共线性的处理比线性回归的鲁棒性要好一些。

任务3.2 波士顿房价线性回归预测

任务目标

能正确应用 Sklearn 工具实现波士顿房价线性回归预测建模。

任务分析

数据准备与理解→ Pandas 读取数据→数据可视化分析→特征降维处理→线性

回归模型分析→模型的多项式特征改进

任务分解

本任务共设定 6 个子任务，分 6 大步骤完成。

第 1 步：数据下载与数据初步解读。

第 2 步：数据读取：使用 Pandas 工具进行波士顿房价文本数据的读取。

第 3 步：数据可视化分析：使用 Matplotlib 工具绘制每一因素与房价的多子图对数据进行相关性可视化分析。

第 4 步：数据降维处理，介绍两种方法：

■ 求解因素间相关性矩阵数据，删除与房价相关性不强的特征。

■ LASSO 特征分析。

第 5 步：构建波士顿房价模型降维分析，比较房价在特征降维前后的模型评分。

第 6 步：应用多项式特征，增加模型的泛化能力，提高的模型的学习能力。

3.2.1 数据的准备

本任务采用 UCI 开放的用于机器学习算法的经验分析数据库中的波士顿房价数据，对数据进行可视化分析，依据线性模型特点，对数据进行降维处理，对数据进行多项式生成，完成波士顿房价的线性回归预测。

数据源于美国 1978 年经济与管理（*Economics & Management*）杂志第五卷，第 81～102 页，创作者是 Harrison D. 和 Rubinfeld D.L。其实验数据的下载网址为 http://archive.ics.uci.edu/ml/machine-learning-databases/housing/。数据记录了共计 506 条波士顿郊区的房价及其 13 个影响因素的信息，波士顿房价及其 13 个影响因素部分数据展示如表 3-1 所示。

表 3-1　波士顿房价及其 13 个影响因素部分数据展示

1	2	3	4	5	6	7	8	9	10	11	12	13	14
0.00632	18.00	2.310	0	0.5380	6.5750	65.20	4.0900	1	296.0	15.30	396.90	4.98	24.00
0.02731	0.00	7.070	0	0.4690	6.4210	78.90	4.9671	2	242.0	17.80	396.90	9.14	21.60
0.02729	0.00	7.070	0	0.4690	7.1850	61.10	4.9671	2	242.0	17.80	392.83	4.03	34.70
0.03237	0.00	2.180	0	0.4580	6.9980	45.80	6.0622	3	222.0	18.70	394.63	2.94	33.40

续表

1	2	3	4	5	6	7	8	9	10	11	12	13	14
0.06905	0.00	2.180	0	0.4580	7.1470	54.20	6.0622	3	222.0	18.70	396.90	5.33	36.20
0.02985	0.00	2.180	0	0.4580	6.4300	58.70	6.0622	3	222.0	18.70	394.12	5.21	28.70
…	…	…	…	…	…	…	…	…	…	…	…	…	…
0.04527	0.00	11.930	0	0.5730	6.1200	76.70	2.2875	1	273.0	21.00	396.90	9.08	20.60
0.06076	0.00	11.930	0	0.5730	6.9760	91.00	2.1675	1	273.0	21.00	396.90	5.64	23.90
0.10959	0.00	11.930	0	0.5730	6.7940	89.30	2.3889	1	273.0	21.00	393.45	6.48	22.00
0.04741	0.00	11.930	0	0.5730	6.0300	80.80	2.5050	1	273.0	21.00	396.90	7.88	11.90

其中，1～14依次表示 CRIM、ZN、INDUS、CHAS、NOX、RM、AGE、DIS、RAD、TAX、PTRATIO、B、LSTAT 和 MEDV，每个因素的具体含义为：

- CRIM：城镇人均犯罪率；
- ZN：住宅用地所占比例；
- INDUS：城镇中非住宅用地所占比例；
- CHAS：虚拟变量，用于回归分析；
- NOX：环保指数；
- RM：每栋住宅的房间数；
- AGE：1940年以前建成的自住单位的比例；
- DIS：距离5个波士顿就业中心的加权距离；
- RAD：距离高速公路的便利指数；
- TAX：每一万美元的不动产税率；
- PTRATIO：城镇中的教师、学生比例；
- B：城镇中的黑人比例；
- LSTAT：地区中有多少房东属于低收入人群；
- MEDV：自住房屋房价中位数（也就是均价）。

数据中没有空值项，所以在进行建模时，不需要进行空值的检查。

3.2.2 应用Pandas读取数据

波士顿房价文本数据中列和列之间是通过空格分隔的，而且列与列之间的空格数量不一致，考虑后期应用数组类型的数据的方便性，可应用 Pandas 读取数据，应用数组进行数据的分离与存储。然后为分离好的数据打上标签，以备后用。具体代码如下。

```python
import pandas as pd
import numpy as np


def not_empty(s):
    return s != ''


if __name__ == "__main__":
    np.set_printoptions(suppress=True)
    file_data = pd.read_csv('..\\housing.data', header=None)
    data = np.empty((len(file_data), 14))
    for i, d in enumerate(file_data.values):
        d = list(map(float, list(filter(not_empty, d[0].split(' ')))))
        data[i] = d
    x, y = np.split(data, (14, ), axis=1)

    print('样本个数：%d, 特征个数：%d' % x.shape)
    print(y.shape)

    cols=['CRIM', 'ZN', 'INDUS', 'CHAS', 'NOX', 'RM', 'AGE',
'DIS', 'RAD', 'TAX', 'PTRATIO', 'B', 'LSTAT', 'MEDV']
    df=pd.DataFrame(data, columns=cols)
    print(df)
```

运行结果：

样本个数：506，特征个数：14

(506, 0)

	CRIM	ZN	INDUS	CHAS	NOX	...	TAX	PTRATIO	B	LSTAT	MEDV
0	0.00632	18.0	2.31	0.0	0.538	...	296.0	15.3	396.90	4.98	24.0
1	0.02731	0.0	7.07	0.0	0.469	...	242.0	17.8	396.90	9.14	21.6
2	0.02729	0.0	7.07	0.0	0.469	...	242.0	17.8	392.83	4.03	34.7
3	0.03237	0.0	2.18	0.0	0.458	...	222.0	18.7	394.63	2.94	33.4
4	0.06905	0.0	2.18	0.0	0.458	...	222.0	18.7	396.90	5.33	36.2
..	...	...	...	...	...	...	...	...	...	...	...
501	0.06263	0.0	11.93	0.0	0.573	...	273.0	21.0	391.99	9.67	22.4
502	0.04527	0.0	11.93	0.0	0.573	...	273.0	21.0	396.90	9.08	20.6
503	0.06076	0.0	11.93	0.0	0.573	...	273.0	21.0	396.90	5.64	23.9
504	0.10959	0.0	11.93	0.0	0.573	...	273.0	21.0	393.45	6.48	22.0
505	0.04741	0.0	11.93	0.0	0.573	...	273.0	21.0	396.90	7.88	11.9

[506 rows x 14 columns]

数据共 506 行，有 14 个特征。

3.2.3 使用Matplotlib进行数据可视化分析

为了方便观察波士顿房价与各特征间的关系，应用 Matplotlib 的 Subplot 对波士顿房价影响特征与自住房屋均价（MEDV）进行散点图的分格显示，将每个特征与房价的散点图表示出来，观察 13 个因素与房价的关系，类似语句的语法格式如下。

```
plt.subplot2grid((3, 5),      # 将整个图像窗口分成 3 行 5 列
                (0, 0),       # 从第 0 行第 0 列开始作图，即索引从 0 开始
colspan=2)   # 列的跨度为 3
```

波士顿房价与 13 个影响因素间的散点图如图 3-8 所示。

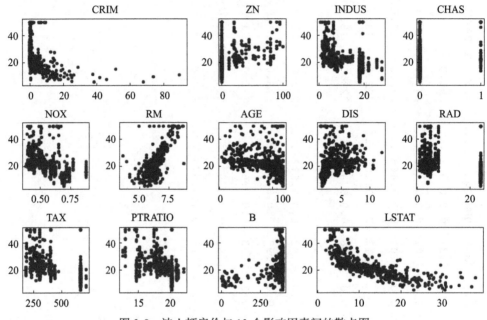

图 3-8　波士顿房价与 13 个影响因素间的散点图

图 3-8 中显示 13 个特征并不是都与房价具有相关性的，例如，CHAS 没有明显的线性特征，而 RM 则具有明显的线性特征。

3.2.4　特征降维处理

考虑波士顿房价拟应用线性回归模型分析，故建议首先对线性关系不明显的特征进行删除处理，为了便于辨别，可对图 3-8 中的每一个特征和自住房屋房价中位数 MEDV 的相关系数进行计算，通过下面语句实现。

```
dfs.corr()['MEDV']
```

波士顿房价与 13 个因素的相关系数如表 3-2 所示。

表 3-2　波士顿房价与 13 个因素的相关系数

CRIM	ZN	INDUS	CHAS	NOX	RM	AGE
−0.388305	0.360445	−0.483725	0.175260	−0.427321	0.695360	−0.376955
DIS	RAD	TAX	PTRATIO	B	LSTAT	
0.249929	−0.381626	−0.468536	−0.507787	0.333461	−0.737663	

表 3-2 中，相关系数超过 0.5 的特征有 3 个，分别是 RM、PTRATIO 和
LSTAT。

LASSO 由 Robert Tibshirani 于 1996 年首次提出，它是一种压缩估计，通过
构造一个惩罚函数得到一个较为精练的模型，使得它可以压缩一些回归系数，同
时设定一些回归系数为零。因此它保留了子集收缩的优点，是一种处理具有复共
线性数据的有偏估计方法。LASSO 可有选择地把变量放入模型从而得到更好的
性能参数，借由这个特点，可进一步分析 13 个因素权重的程度。为了使运行结
果更具说服力，可将数据多次分割（如 10 次），进行分析发现真值，参考代码
如下。

```
from sklearn.linear_model import Lasso, LassoCV, LassoLarsCV

for i in range(10):
    X_train, X_test, y_train, y_test = train_test_split(x,
y, test_size=0.3)   # 分割训练集和测试集
    model = LassoCV(cv=20).fit(x, y) # 找到 LASSO 的 alapha 值
    lasso = Lasso(max_iter=10000, alpha=model.alpha_)
# 进行 Lasso 回归
    y_pred_lasso = lasso.fit(X_train, y_train).predict(X_test)
    print(lasso.coef_) # 输出 LASSO 系数
```

运行结果：

```
[-0.0796  0.0622  0.     -0.      2.114   0.0208  -0.7747   0.2583  -0.0144  -0.7626  0.0078  -0.6963]
[-0.0816  0.045  -0.03    0.      2.9067 -0.      -0.965    0.2279  -0.0134  -0.6706  0.0099  -0.6036]
[-0.0707  0.0395 -0.02   -0.      2.206   0.003   -0.831    0.2399  -0.0125  -0.8614  0.0098  -0.6791]
[-0.0504  0.0426 -0.     -0.      1.6733  0.0249  -0.7196   0.279   -0.0145  -0.7676  0.0087  -0.7569]
[-0.0831  0.0441 -0.     -0.      1.7622  0.0144  -0.8839   0.2719  -0.0154  -0.871   0.0107  -0.7252]
[-0.0867  0.033  -0.018   0.      1.7194  0.0196  -0.6024   0.262   -0.01378 -0.7189  0.009   -0.733 ]
[-0.0717  0.04999 -0.    -0.      1.857  -0.      -0.994    0.219   -0.0151  -0.8605  0.0084  -0.6344]
[-0.0894  0.0515 -0.     -0.      1.2516  0.015   -0.9169   0.2579  -0.0147  -0.8883  0.0086  -0.736 ]
[-0.0564  0.0311  0.      0.      3.3981  0.      -0.6329   0.2317  -0.0165  -0.804   0.0079  -0.5869]
[-0.0626  0.0358 -0.     -0.      1.0522  0.0436  -0.5074   0.2365  -0.0112  -0.8805  0.008   -0.8063]
```

运行结果中，除了进一步表明 RM、PTRATIO 和 LSTAT 的系数较大外，第 8 个特征 DIS 的系数也呈现出较大的值，都在 0.5 以上，可试着将这个特征选择加入线性回归模型中。最终，删除 9 个特征，只保留 RM、PTRATIO、LSTAT 和 DIS 4 个特征参与计算。

3.2.5　线性回归模型降维分析

应用线性回归与岭回归的模型，对波士顿房价的 13 个特征和选定后的 RM、PTRATIO、LSTAT 和 DIS 4 个特征进行训练，观察结果。

建立普通最小二乘和岭回归模型，参考代码如下。

```python
def modelTrain(X_train, x_test, y_train, y_true):
    linear = LinearRegression(normalize=True)


    ridge = Ridge(normalize=True)
    alpha_can = np.logspace(-3, 2, 10)
    np.set_printoptions(suppress=True)
    ridge = GridSearchCV(ridge, param_grid={'alpha': alpha_can}, cv=5)


    linear.fit(X_train, y_train)
    ridge.fit(X_train, y_train)


    y_pre_linear = linear.predict(x_test)
    y_pre_ridge = ridge.predict(x_test)


    linear_score = r2_score(y_true, y_pre_linear)
    ridge_score = r2_score(y_true, y_pre_ridge)
    linear_rmse = np.sqrt(np.average((y_pre_linear - np.array(y_true)) ** 2))
    ridge_rmse = np.sqrt(np.average((y_pre_linear - np.array(y_true)) ** 2))   # 均方根误差


    return linear_score,linear_rmse,ridge_score,ridge_rmse
```

由于数据量不大，对波士顿房价的 506 行 13 个特征的数据集，以二八比例分成测试数据与训练数据两部分。为了能说明普遍现象，可分别取 20 次，分出 20 个不同的数据集进行训练，对普通最小二乘模型的评分（linear_score）、均方根误差（linear_rmse），岭回归的评分（ridge_score）、均方根误差（ridge_rmse），以及降维后 4 个特征最小二乘模型的评分（linear_score1）、均方根误差（linear_rmse1），岭回归的评分（ridge_score1）、均方根误差（ridge_rmse1）进行建模并分析结果，参考代码如下。

```python
def Call_modelDescDimensionComparison(num,x_data,y_data):
    linear_scores = []
    ridge_scores = []
    linear_rmses = []
    ridge_rmses = []    # 用空集初始化
    linear_scores1 = []
    ridge_scores1 = []
    linear_rmses1 = []
    ridge_rmses1 = []


    # 模型比较
    for i in range(num):
        # 切割数据样本集合测试集，每次切割的结果不一致
        X_train, x_test, y_train, y_true = train_test_split(x_
        data, y_data, test_size=0.2)
        X_train1 = X_train[:, [5, 7, 10, 12]]   # 取 RM、DIS、
        PTRATIO、LSTAT 值
        x_test1 = x_test[:, [5, 7, 10, 12]]   # 取 RM、DIS、
        PTRATIO、LSTAT 值
        linear_score,linear_rmse,ridge_score,ridge_rmse = modelTrain(X_
        train, x_test, y_train, y_true)
        linear_score1, linear_rmse1, ridge_score1, ridge_rmse1 =
        modelTrain(X_train1, x_test1, y_train, y_true)
```

```
#CallMethod_polynomialModel(X_train, x_test, y_train,
y_true) # 调用多项式模型
linear_scores.append(linear_score)
linear_rmses.append(linear_rmse)
ridge_scores.append(ridge_score)
ridge_rmses.append(ridge_rmse)
linear_scores1.append(linear_score1)
linear_rmses1.append(linear_rmse1)
ridge_scores1.append(ridge_score1)
ridge_rmses1.append(ridge_rmse1)
```

将训练的次数（num）设定为 20 次，并为波士顿房价（y）和 13 个特征的数据集（x）赋予模型，参考代码如下。

```
Call_modelDescDimensionComparison(20, x, y)
```

为了便于观察，将结果以图形的形式进行展示，如图 3-9 所示。

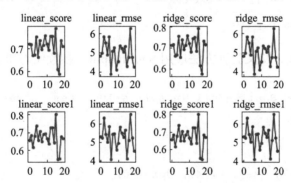

图 3-9　波士顿房价 13 个特征与 4 个特征线性回归比较

由于数据量较小，特征并不明显，在特征由 13 个降至 4 个后，结果没有太大的变化，两个模型的优势差异并不十分明显，模型训练评分结果都集中在 0.7 左右，分数较低，但仍能看出岭回归的变化较小，体现出它对共线性的鲁棒性。

3.2.6　多项式特征生成

对波士顿房价数据虽然做了特征处理，但结果仍不尽如人意，由于对训练样本的拟合程度不够，模型的泛化能力不足。为了提高模型的泛化能力，可试着采用多次线性函数建立模型。学习曲线应用 sklearn.model_selection 中的 learning_curve 方法，其中交叉验证方法应用 ShuffleSplit，进行波士顿房价的多项式特征学习。

建立多项式回归模型，使用 Pipline 管道，先为多项式回归增加维度，然后进行归一化处理，最后进行线性回归，参考代码如下。

```
def polynomial_model(degree=1):
    # 将数据变为多项式特征
    # degree: 指定多项式的次数
    # include_bias: 默认为True，即结果中会有0次幂项，也即添加一列全部
    等于1的偏置项
    polynomial_features = PolynomialFeatures(degree=degree, include_
bias=False)
    liner_regression = LinearRegression()
pipline = Pipeline([("多项式", polynomial_features), ("线性回归",
liner_regression)])   # 装入管道
    return pipline
```

绘制学习曲线，交叉验证方法应用 ShuffleSplit，参考代码如下。

```
    cv = ShuffleSplit(n_splits=100, test_size=0.2, random_
state=0)

plt.figure(figsize=(18, 4), dpi=100)
    org_title = "Learning Curves (degree={})"
    degrees = (1, 2, 3)

    for i in range(len(degrees)):
plt.subplot(1, 3, i + 1)
        model=polynomial_model(degrees[i])
        model.fit(X_train, y_train)
        train_score = model.score(X_train, y_train)
```

```
        cv_score = model.score(X_test, y_test)
        print('训练集上得分：',train_score, '验证集上得分：',cv_score)
        plot_learning_curve(model, org_title.format(degrees[i]),
    x, y, (0.01, 1.01), cv=cv, n_jobs=4)
    plt.show()
    plt.show()
```

运行结果如图 3-10 所示。

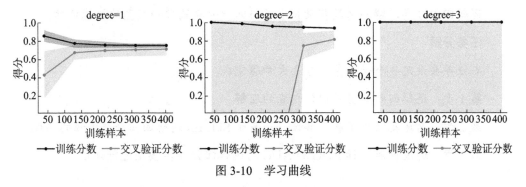

图 3-10   学习曲线

图 3-10 中的学习曲线通过画出不同训练集大小时训练和交叉验证的得分，描述了线性回归与结合多项式技术后，模型在新数据上的表现，由此可判断模型是否方差偏高或偏差过高。应用一阶多项式（degree=1）拟合，线性回归模型的训练分数和交叉验证分数训练样本数量增加时表现为收敛于较低的值 0.7 左右，此时无法从更多的训练样本中受益。为了改变这种情况，试着应用二阶多项式（degree=2）拟合，训练分数远大于交叉验证分数，训练样本提高了泛化能力，线性回归模型的训练分数和交叉验证分数训练样本数量增加时表现为收敛于 0.8 以上，但在训练样本 270 之前，没有交叉验证数据，虽然模型分数有所改变，但收敛并没有得到满意描述，体现样本数量较少的情况。进一步进行多项式处理，应用三阶多项式（degree=3）拟合，没有看到交叉验证数据集的分数，此时，针对波士顿房价的数据量已经表现得不够用，训练分数基本为 1.0，说明为过拟合的情况。

多项式训练过程中，线性回归在一阶多项式时训练集上的得分为 0.690745865515696，验证集上的得分为 0.6864161250737197；当应用二阶多项式时，训练集上的得分为 0.8373083528031471，验证集上的得分为

0.8156677541590659，模型得分明显提高。

任务3.3   鸢尾花逻辑回归分类

任务目标

能正确应用 Sklearn 工具实现鸢尾花逻辑回归分类建模。

任务分析

逻辑回归分类理解→鸢尾花数据准备与回归分类编程→模型的性能评估。

任务分解

本任务共设定 3 个子任务，分 3 大步骤完成。

第 1 步：逻辑回归分类关键知识点的理解。

第 2 步：鸢尾花数据下载、解读，与基于 Sklearn 逻辑回归分类编程的实现。

第 3 步：通过性能指标 ROC 和 AUC 对逻辑回归分类模型进行评估。

3.3.1   逻辑回归基本知识

线性回归确定了两个或多个特征间相互依赖的定量关系，常用来对真实值的逼近预测进行分析。那么，如果应用回归对未知数据进行分类该如何处理？在项目2 k近邻算法中，通过设定 k 值，应用投票的方法完成数据的分类。在回归中，可以通过为回归的数据打上离散的标签，即标出每一个数据所属分类，来实现分类的过程。比较通用的手段就是将回归分析值 $f(\omega, x)$ 转换为离散的值，例如，将一个二维的回归分析实值通过阶跃函数转换为 0 或 1 的离散值，用于判断结果是属于 0 类还是 1 类，进而完成分类的业务。需要注意的是，分类与回归不同，它没有逼近的概念，最终正确结果只有一个，错误的就是错误的，正确的就是正确的，不会有相近的概念。回归分类的方法有很多，其中逻辑回归模型是非常具有代表性的回归分类模型。

逻辑回归也可称为对数回归、对数线性分类器等，在回归中它最大的特点是可以用于分类的建模。在这个模型中，可应用 Logistic 函数对描述单个试验可能结果的概率进行建模。

在 Sklearn 工具中，LogisticRegression 和 LogisticRegressionCV 是常用的方法，其主要区别是 LogisticRegressionCV 使用了交叉验证来选择正则化系数 C，而 LogisticRegression 需要自己每次指定一个正则化系数。除了交叉验证及选择正则化系数 C 外，LogisticRegression 和 LogisticRegressionCV 的使用方法基本相同。

3.3.2　鸢尾花逻辑回归分类

本节采用 UCI 开放的用于机器学习算法的经验分析数据库中的鸢尾花数据，完成鸢尾花分类算法的演示工作。

数据源于 UCI 平台，其实验数据的下载网址为 https://archive.ics.uci.edu/ml/datasets/Iris。Iris 数据集是常用的分类实验数据集，由 Fisher 于 1936 年收集整理。Iris 也称鸢尾花卉数据集，是一类多重变量分析的数据集。其中包含 150 个数据集，分为 3 类，每类 50 个数据，每个数据包含 4 个属性。Iris 以鸢尾花的特征作为数据来源，常用在分类操作中。该数据集由 3 种不同类型的鸢尾花的 50 个样本数据构成。其中的一个种类与另外两个种类是线性可分离的，后两个种类是非线性可分离的。数据包含 4 个属性：Sepal.Length（花萼长度）、Sepal.Width（花萼宽度）、Petal.Length（花瓣长度）和 Petal.Width（花瓣宽度），单位是 cm；包含 3 个种类：Iris-setosa（山鸢尾）、Iris-versicolor（杂色鸢尾）和 Iris-virginica（维吉尼亚鸢尾）。鸢尾花部分数据展示部分数据展示如表 3-3 所示。

表 3-3　鸢尾花部分数据展示

（cm）

Sepal.Length	Sepal.Width	Petal.Length	Petal.Width	Species
5.1	3.5	1.4	0.2	Iris-setosa
4.9	3.0	1.4	0.2	Iris-setosa
4.7	3.2	1.3	0.2	Iris-setosa
4.6	3.1	1.5	0.2	Iris-setosa
5.0	3.6	1.4	0.2	Iris-setosa
…	…	…	…	…
7.0	3.2	4.7	1.4	Iris-versicolor

Sepal.Length	Sepal.Width	Petal.Length	Petal.Width	Species
6.4	3.2	4.5	1.5	Iris-versicolor
6.9	3.1	4.9	1.5	Iris-versicolor
5.5	2.3	4.0	1.3	Iris-versicolor
6.5	2.8	4.6	1.5	Iris-versicolor
…	…	…	…	…
6.3	3.3	6.0	2.5	Iris-virginica
5.8	2.7	5.1	1.9	Iris-virginica
7.1	3.0	5.9	2.1	Iris-virginica
6.3	2.9	5.6	1.8	Iris-virginica
6.5	3.0	5.8	2.2	Iris-virginica

应用 Sklearn 工具中的 LogisticRegression 和 LogisticRegressionCV 方法，对鸢尾花的 150 组数据进行分类过程演示，参考代码如下。

```python
# 导入模型需要的工具包
import pandas as pd
from sklearn.model_selection import train_test_split   # cross_validation
from sklearn.linear_model import LogisticRegression,LogisticRegressionCV
from sklearn.metrics import accuracy_score

if __name__ == "__main__":
    # 读取数据
    data = pd.read_csv('..\\iris.data', header=None)
    iris_types = data[4].unique()
    for i, iris_type in enumerate(iris_types):
        data.set_value(data[4] == iris_type, 4, i)
    print(data)
    x = data.iloc[:, :4]
    n, features = x.shape
```

```
    print(x)

    y = data.iloc[:, -1].astype(np.int)

    # 对数据进行拆分，50 个一组

    x_train, x_test, y_train, y_test = train_test_split(x, y,
random_state=1, test_size=50)

    # 建立 LogisticRegressionCV 和 LogisticRegression 模型，分别建
立默认和加参数情况的模型

    models = [('LogisticRegressionCV', LogisticRegressionCV()),
('LogisticRegression', LogisticRegression()),

        ('LogisticRegressionCV1',LogisticRegressionCV(cv=10, random_
    state=0,multi_class='multinomial')),

        ('LogisticRegression1',LogisticRegression(random_state=0,
    solver='lbfgs',multi_class='multinomial'))]

    # 分别对建立的所有模型进行训练，并计算正确率，用以评估模型

    for name, model in models:

        model.fit(x_train, y_train)

        print (name, '训练集正确率: ', accuracy_score(y_train, model.
    predict(x_train)))

        print (name, '测试集正确率: ', accuracy_score(y_test, model.
    predict(x_test)))
```

运行结果中，当选用 LogisticRegressionCV 和 LogisticRegression 默认模型时，分类结果中带有正则化的 LogisticRegressionCV 结果更好些。

```
LogisticRegressionCV 训练集正确率: 0.96

LogisticRegressionCV 测试集正确率: 0.9

LogisticRegression 训练集正确率: 0.96

LogisticRegression 测试集正确率: 0.88
```

当对两个方法进行参数设置后，提高了模型的正确率。

```
LogisticRegressionCV1 训练集正确率: 0.98
```

```
LogisticRegressionCV1 测试集正确率: 0.98

LogisticRegression1 训练集正确率: 0.98

LogisticRegression1 测试集正确率: 0.98
```

3.3.3 性能指标ROC和AUC

在机器学习领域，AUC 值经常用来评价一个二分类模型的训练效果，是衡量学习器优劣的性能指标，它的全称是 "Area under the Curve of ROC"，即 ROC 曲线下的面积。

ROC 曲线全称为 "Receiver Operating Characteristic Curve"，即为受试者工作特征曲线，描述为根据一系列不同的二分类方式（分界值或决定阈），以真阳性率（True Positive Rate，TPR）为纵坐标，假阳性率（False Positive Rate，FPR）为横坐标绘制的曲线。为了更好地理解 TPR 与 FPR 的概念，先来理解几个定义，如表 3-4 所示。

表 3-4 TP、FP、TN、FN 混淆矩阵

	1	0
1	真阳性（True Positive，TP）	伪阴性（False Negative，FN）
0	伪阳性（False Positive，FP）	真阴性（True Negative，TN）

TPR 描述在所有实际为阳性的样本中，被正确地判断为阳性的样本比率，计算方法如式（3-4）所示。

$$TPR = \frac{TP}{(TP+FN)} \qquad (3-4)$$

FPR 描述在所有实际为阴性的样本中，被错误地判断为阳性的样本比率，计算方法如式（3-5）所示。

$$FPR = \frac{FP}{(FP+TN)} \qquad (3-5)$$

Sklearn 工具中提供了 from sklearn.metrics 和 import roc_auc_score 方法，可计算 ROC 和 AUC。下面将继续 3.3.2 节中鸢尾花的示例，应用 ROC 和 AUC 来评估模型的性能。

为了使图示可看性更强，可选择鸢尾花的前两个特征参与计算：

```
x = data.iloc[:, :2]
```

在进行性能指标 ROC 和 AUC 计算并进行可视化操作之前，引入需要的包，参考代码如下。

```
import matplotlib as mpl
import matplotlib.pyplot as plt
from sklearn.preprocessing import label_binarize
from sklearn import metrics
from itertools import cycle
```

对已经建立的鸢尾花逻辑回归模型进行 ROC 和 AUC 计算，并进行可视化操作，参考代码如下。

```
c_number = np.unique(y).size
    y_one_hot = label_binarize(y_test, classes=np.arange(c_number))
    colors = cycle('gmcr')  # 设置曲线不同的颜色
linestyles = ['-', '-.', '--', ':']  # 设置曲线不同的样式
    mpl.rcParams['font.sans-serif'] = 'SimHei'
    mpl.rcParams['axes.unicode_minus'] = False
plt.figure(figsize=(5,3.5), facecolor='w')
    for (name, model), style, color in zip(models, linestyles, colors):
        model.fit(x, y)
        if hasattr(model, 'C_'):
            print('超参数: ', model.C_)
        if hasattr(model, 'best_params_'):
            print((model.best_params_))
        if hasattr(model, 'predict_proba'):
            y_score = model.predict_proba(x_test)
        else:
            y_score = model.decision_function(x_test)
```

```
       fpr, tpr, thresholds = metrics.roc_curve(y_one_hot.ravel(), y_
score.ravel())
            auc = metrics.auc(fpr, tpr)
            print('手动计算 auc：', auc)
    plt.plot(fpr, tpr,linestyle=style, c=color, lw=2, alpha=0.7,
label='%s, AUC=%.3f' % (name, auc))
    plt.plot((0, 1), (0, 1), c='#808080', lw=2, ls='--',
alpha=0.7)
    plt.xlim((-0.01, 1.02))
    plt.ylim((-0.01, 1.02))
    plt.xticks(np.arange(0, 1.1, 0.1))
    plt.yticks(np.arange(0, 1.1, 0.1))
    plt.xlabel('假阳率（False Positive Rate）', fontsize=9)
    plt.ylabel('真阳率（True Positive Rate）', fontsize=9)
    plt.grid(b=True, ls=':')
    plt.legend(loc='lower right', fancybox=True, framealpha=0.8,
fontsize=10)
    plt.show()
```

运行结果如图 3-11 所示。

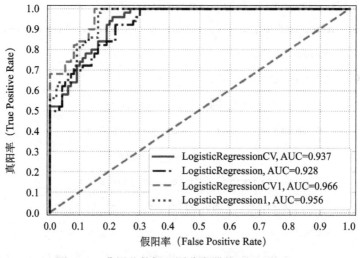

图 3-11　鸢尾花数据不同分类器的 ROC 和 AUC

图 3-11 中展示了 LogisticRegressionCV、LogisticRegression 和这两个模型进行参数设置后的 ROC 曲线下方的面积值，即 AUC 值。AUC 值越高，通常表明模型的效果越好。

3.4　项目复盘

本项目主要讲述线性模型在回归与分类两大方面的基本知识点与应用情况。

任务 3.1 主要描述线性回归的主要知识点。首先介绍基本形式、经典最小二乘法、回归方程评估方法，并应用非常简单的案例描述线性回归的实现过程。然后，应用一个简单的广告投放与销售额的案例，结合理论知识探讨线性回归中欠拟合和多重共线性问题。最后引用了岭回归模型，与普通最小二乘回归做比较，验证了岭回归对多重共线性的处理比线性回归鲁棒性要好一些。

任务 3.2 通过 UCI 开放的波士顿房价数据，演示了线性回归模型的应用过程，包括数据读取、数据可视化分析、数据降维处理和多项式建模的过程。

任务 3.3 主要描述了线性模型实现分类的基本知识，应用鸢尾花的案例进行演示，借助 ROC 和 AUC 指标对模型进行性能分析。

3.5　实操练习

1. 理解线性回归与 kNN 回归的共同点与不同点。

2. 理解普通最小二乘法并完成例 3-1 程序。

3. 理解回归方程评估并完成例 3-2 程序。

4. 理解欠拟合问题并完成例 3-3 程序。

5. 理解多重共线性问题并完成例 3-4 程序。

6. 理解岭回归并完成例 3-5 程序。

7. 完成任务 3.2 波士顿房价线性回归预测模型的 Python 编程。

8. 理解欠拟合问题并完成例 3-3 程序。

参考答案

9. 理解逻辑回归分类并完成 3.3.2 节鸢尾花逻辑回归分类的 Python 编程。

10. 理解 ROC 和 AUC 的基本知识并完成 3.3.3 节鸢尾花不同分类器的性能分析。

项目4
决策树分类与回归

　　决策树（Decision Tree）是在已知各种情况发生概率的基础上，通过构造决策树来求取净现值的期望值大于或等于零的概率，评价项目风险，判断其可行性的决策分析方法，是直观运用概率分析的一种图解法。在机器学习中，决策树可分为分类树和回归树：当对一个样本的分类进行预测时使用分类树，当对样本的某一个值进行预测时使用回归树。决策树与 kNN 和线性回归有着相同的应用方向，但业务应用场景不同。kNN 基于二点距离和 k 值，选择最近的 k 个邻居投票决定测试样本的标签；线性回归通过引入单调可微函数衡量真实值和测试值的逼近程度，求解函数的最优解。本项目首先讲解决策树经典理论知识，然后依据决策树基本算法理解它在分类与回归中的应用。

任务列表

任务名称	任务描述
任务 4.1　决策树构造	决策树基本策略、应用场景、划分规则、剪枝处理
任务 4.2　鸢尾花决策树分类	分类 Python 实现、分类深度与过拟合、分类模型评估
任务 4.3　波士顿房价决策树回归	回归 Python 实现、回归深度与过拟合、回归模型评估

学习目标

最终目标：

能正确应用决策树进行分类与回归的建模。

促成目标：

能理解决策树构造的过程。

能理解并掌握决策树分类与深度的关系，并编写程序实现。

能理解并掌握决策树回归与深度的关系，并编写程序实现。

任务4.1　决策树构造

任务目标

能理解决策树构造的核心思想。

任务分析

决策树归纳基本策略→树划分规则→树剪枝处理

任务分解

本任务共设定 3 个子任务，分 3 大步骤完成。

第 1 步：理解决策树的归纳思想与应用场景。

第 2 步：决策树划分规则。

第 3 步：树的剪枝处理。

4.1.1　决策树归纳算法基本策略

决策树是一种用于分类和回归的非参数监督学习方法，目标是通过学习样本数据特征，建立简单决策规则，用来预测目标变量的值。决策树与其他分类算法（如 kNN、逻辑回归等）相比，可以以树的结构进行可视化操作，因而更易于理解和解释。并且，它既可以对离散的数据进行决策，也可以对连续的数据进行决策。对离散数据进行决策树分类分析时，最具代表性的有 ID3、C4.5 和 CART 算法，在 Jiawei Ha 和 Micheline Kamber 所著的《数据挖掘概念与技术》一书中有详细的介绍与说明。以该书中的 AllElecttronics 顾客数据库类标记的训练元组数据为样例数据，如表 4-1 所示。

表 4-1 AllElecttronics 顾客数据库类标记的训练元组数据

RID	age	income	student	credit_rating	Class:buys_computer
1	Youth	high	No	Fair	No
2	Youth	high	No	excellent	No
3	middle_aged	high	No	Fair	Yes
4	Senior	medium	No	Fair	Yes
5	Senior	high	yes	fair	Yes
6	Senior	high	yes	excellent	No
7	middle_aged	medium	Yes	excellent	Yes
8	Youth	high	No	fair	No
9	Youth	high	Yes	fair	Yes
10	Senior	medium	Yes	fair	Yes
11	Youth	medium	Yes	excellent	Yes
12	middle_aged	medium	No	excellent	Yes
13	middle_aged	high	Yes	fair	Yes
14	Senior	Medium	No	excellent	No

表 4-1 中记录了是否会购买计算机（buys_computer）的 14 条人员信息，RID 是序号，没有实质意义；后面为 4 个特征：年龄段（age）、收入高低（income）、是否为学生（student）和贷款情况（credit_rating）；最后一列为是否买计算机（buys_computer）的类别。应用 ID3 算法，分析用户购买行为，经过决策树分类学习后，得到如图 4-1 所示的结论。该程序的编写过程可参考 Peter Harrington 所著的《机器学习实战》第 3 章。

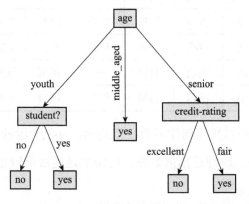

图 4-1 AllElecttronics 顾客数据决策树学习后的可视化显示

图 4-1 中描述了以年龄为树根节点，判别出中年人（middle_aged）全部会购买计算机，年轻人（youth）中学生会（yes）购买计算机，而老年人（senior）中有公平（fair）信用等级贷款的用户更愿意考虑购买计算机。

在周志华老师所著的《机器学习》4.4 节中以西瓜数据集 3.0 为例，描述了离散与连续混合的数据表，并描述了该情况决策树的计算理论知识，其数据如表 4-2所示。

表 4-2　西瓜数据集 3.0

编号	色泽	根蒂	敲声	纹理	脐部	触感	密度	含糖量	类别
1	青绿	蜷缩	浊响	清晰	凹陷	硬滑	0.697	0.460	好瓜
2	乌黑	蜷缩	沉闷	清晰	凹陷	硬滑	0.774	0.376	好瓜
3	乌黑	蜷缩	浊响	清晰	凹陷	硬滑	0.634	0.264	好瓜
4	青绿	蜷缩	沉闷	清晰	凹陷	硬滑	0.608	0.318	好瓜
5	浅白	蜷缩	浊响	清晰	凹陷	硬滑	0.556	0.215	好瓜
6	青绿	稍蜷	浊响	清晰	稍凹	软黏	0.403	0.237	好瓜
7	乌黑	稍蜷	浊响	稍糊	稍凹	软黏	0.481	0.149	好瓜
8	乌黑	稍蜷	浊响	清晰	稍凹	硬滑	0.437	0.211	好瓜
9	乌黑	稍蜷	沉闷	稍糊	稍凹	硬滑	0.666	0.091	坏瓜
10	青绿	硬挺	清脆	清晰	平坦	软黏	0.243	0.267	坏瓜
11	浅白	硬挺	清脆	模糊	平坦	硬滑	0.245	0.057	坏瓜
12	浅白	蜷缩	浊响	模糊	平坦	软黏	0.343	0.099	坏瓜
13	青绿	稍蜷	浊响	稍糊	凹陷	硬滑	0.639	0.161	坏瓜
14	浅白	稍蜷	沉闷	稍糊	凹陷	硬滑	0.657	0.198	坏瓜
15	乌黑	稍蜷	浊响	清晰	稍凹	软黏	0.360	0.370	坏瓜
16	浅白	蜷缩	浊响	模糊	平坦	硬滑	0.593	0.042	坏瓜
17	青绿	蜷缩	沉闷	稍糊	稍凹	硬滑	0.719	0.103	坏瓜

表 4-2 中的数据经过决策树学习后，得到如图 4-2 所示的结论，描述了西瓜的好坏首先与纹理有关，纹理是离散数据，而密度是连线的数据，密度不小于 0.382的是好瓜，否则为坏瓜。

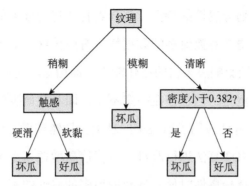

图 4-2　西瓜数据集 3.0 数据决策树学习后的可视化显示

AllElecttronics 顾客数据与西瓜数据集 3.0 数据决策树描述了决策树的一般结构，它包含一个根节点、若干个内部节点和若干个叶节节。其中根节点（如 age、纹理）一般只有一个，内部节点表示一个特征（如 student、触感）或属性（如密度小于 0.382？），叶节点表示一个类，对应于决策结果（如 yes、好瓜）。同时应用了决策树算法的基本策略，首先需要找到一个根节点，然后再从剩下的数据集中找到下一个根节点，直到剩下的样本数据全部属于同一类。这是一个递归的过程，而其中最重要的就是这棵树是如何划分的，这直接决定了生成的决策树的质量。

4.1.2　树的划分规则

决策树的最终目标是通过已有的数据集，经过训练后归纳出分类规则，生成具有很好泛化能力的树。这也决定了在构造决策树时，如何确定根节点与内部节点，即解决当前数据集上哪个特征在划分数据分类时起决定性作用，成为重要的知识。

决策树相关数据集划分时，对于关键特征的选择，其核心思想是在经过学习的知识中尽量找到纯度最高的属性，使划分后的数据样本属于同一类别。经典的知识划分准则有信息增益、增益率等。

信息增益是以某数据特征划分数据集前后的信息量（熵）的差值，来衡量当前特征对于数据样本集合划分的效果。信息增益越大，则表示当前特征对数据集划分所获得的"纯度提升"越大，借此实现决策树属性的划分。由 Ross Quinlan 于 1986 年开发的经典的 ID3 算法，即应用了信息增益来划分属性。ID3 以贪婪的方式为每个节点找到划分属性的特征，该分类特征将为分类的划分目标产生最大的信息增益。但信息增益对数值多的数据特征有所偏好，如果特征数据值多样且不具代表性，则会直接影响决策树的泛化能力。而增益率克服了信息增益的不足，基于信息增益进行规范化，但也存在一定不足，即对数值少的数据特征或属性有所偏好。著名的 C4.5 算法应用了增益率的理论，具体实现方法是在继承了 ID3 算法优点的基础上，对 ID3 算法进行改进，应用信息增益率来选择特征或属性，克服了 ID3 用信息增益选择属性时偏向选择取值多的属性的不足，同时在树构造过程中进行了剪枝的优化处理，还能对连续的属性值进行离散化处理。增益率的应用调整了 ID3 偏向于多值属性的不足，但相对地，它也表现出了倾向于不平衡的划分的问题。此外，Gini 系数也可以用于决策树的划分，它考虑每个特征属性的二元划分，是一种与信息熵类似的做特征选择的方式，可以用来衡量数据的不纯度，描述样本集合中一个随机选中的样本被分错的概率，概率越小，集合的纯度越高。Gini 系数虽然也偏向于多值特征属性，但当特征过多时，仍会有困难，它更倾向于导致相等大小的划分和纯度，它也是 Sklearn 工具下决策树分类时应用的默认算法。

4.1.3 树的剪枝处理

由于数据集的质量问题，如噪声、离群点数据，难免影响生成的决策树的构建能力。如何能在决策树的构建过程中去除不必要的信息，或在树生成后进一步简化树的结构，以此增强构建的树的泛化能力，是一件值得研究的事情。常用的决策树的剪枝策略有预剪枝和后剪枝两种。

预剪枝着重指在树的构建过程中进行剪枝。例如，在树不断划分的过程，如果不能再很好地提高树的泛化能力，或为了避免过拟合，则可以设定一个阈值，由此停止树的生长，完成剪枝的过程。

后剪枝指通过训练集生成完整的树后，对树进行剪枝，得到简化版的决策树。例如，树的某个节点对应的子树如果用一个叶节点替换，能等同或提升树的泛化能力。通常情况下，后剪枝的计算量比预剪枝方法要大，尤其在数据集较大时，但如果数据集较小，则后剪枝方法大多还是优于预剪枝方法的。

任务4.2　鸢尾花决策树分类

任务目标

能正确应用 Sklearn 工具实现鸢尾花决策树分类建模。

任务分析

Sklearn 决策树分类编程实现→分类结果可视化→深度与过拟合→模型评估

任务分解

本任务共设定 3 个子任务，分 3 大步骤完成。

第 1 步：决策树分类的 Python 实现，分类结果树状图和二维图实现。

第 2 步：通过决策树分类程序编写，理解深度与过拟合。

第 3 步：Python 实现决策树分类模型评估。

4.2.1　决策树分类Python编程

分类树是一种描述对实例进行分类的树形结构。在使用分类树进行分类时，从根节点开始，对实例的某一特征进行测试，根据测试结果，将实例分配到其子节点。这时，每一个子节点对应该特征的一个取值。如此递归地对实例进行测试并分配，直至达到叶节点，最后将实例分到叶节点的类中。

【例 4-1】决策树分类操作。

应用 Sklearn 工具中 tree 包下的 DecisionTreeClassifier 方法，实现 2.1.3 节中学生是否活跃的分类树，参考代码如下。

决策树分类操作 – 分裂过程展示讲解视频

1. 引入包

```
from sklearn import tree
from sklearn.tree import DecisionTreeClassifier
```

2. 读入学生是否活跃的样例数据

```
path = '..\\student.data'   # 数据文件路径
    data = pd.read_csv(path, header=None)
    x = data[list(range(2))]   # 记录学生"关注活动"和"活跃表现"两
```

个特征数据

```
y = LabelEncoder().fit_transform(data[2])    # 记录学生是否活跃
```
的分类信息

3. 构建决策树模型

```
model = DecisionTreeClassifier(criterion='entropy',max_depth=3)
# 构建决策树模型
model.fit(x, y)
y_test_hat = model.predict(x)              # 执行学生数据 x 决策树分类
print(' 分裂过程 :',tree.export_graphviz(model))
```

运行结果：

```
分裂过程 : digraph Tree {
node [shape=box] ;
0 [label="X[0] <= 55.0\nentropy = 0.985\nsamples = 14\nvalue = [6, 8]"] ;
1 [label="X[1] <= 37.5\nentropy = 0.592\nsamples = 7\nvalue = [6, 1]"] ;
0 -> 1 [labeldistance=2.5, labelangle=45, headlabel="True"] ;
2 [label="X[0] <= 28.0\nentropy = 1.0\nsamples = 2\nvalue = [1, 1]"] ;
1 -> 2 ;
3 [label="entropy = 0.0\nsamples = 1\nvalue = [1, 0]"] ;
2 -> 3 ;
4 [label="entropy = 0.0\nsamples = 1\nvalue = [0, 1]"] ;
2 -> 4 ;
5 [label="entropy = 0.0\nsamples = 5\nvalue = [5, 0]"] ;
1 -> 5 ;
6 [label="entropy = 0.0\nsamples = 7\nvalue = [0, 7]"] ;
0 -> 6 [labeldistance=2.5, labelangle=-45, headlabel="False"] ;
}
```

4. 决策树的可视化

决策树分裂过程结果描述了生成树的过程，共进

决策树分类操作 – 决策树可视化讲解视频

行3层树的分裂过程，如图4-3（a）所示；但当划分层次过多时，树形表示并不方便、醒目，可应用分类树的二维图形进行描述，将图4-3（a）表示为二维图时如图4-3（b）所示。

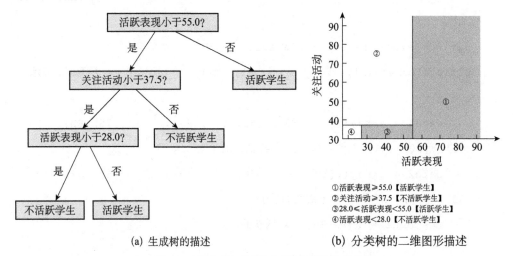

(a) 生成树的描述　　　　　　　　　　(b) 分类树的二维图形描述

图4-3　学生是否活跃决策树可视化表示

将构建决策树生成的过程用二维图进行描述，实现代码如下。

```python
import matplotlib.pyplot as plt
import matplotlib as mpl
from sklearn.preprocessing import LabelEncoder
    student_feature = '活跃表现 ', '关注活动 '
    # 画图
    N, M = 50, 50   # 横、纵各采样多少个值
    x1_min, x2_min = x.min()
    x1_max, x2_max = x.max()
    t1 = np.linspace(x1_min, x1_max, N)
    t2 = np.linspace(x2_min, x2_max, M)
    x1, x2 = np.meshgrid(t1, t2)   # 生成网格采样点
    x_show = np.stack((x1.flat, x2.flat), axis=1)   # 测试点

    cm_light = mpl.colors.ListedColormap(['#A0FFA0', '#FFA0A0',
    '#A0A0FF'])
```

```
        cm_dark = mpl.colors.ListedColormap(['g', 'r', 'b'])
        y_show_hat = model.predict(x_show)   # 预测值
        y_show_hat = y_show_hat.reshape(x1.shape)   # 使之与输入的形状
相同
    plt.figure(figsize=(4, 3),facecolor='w')
    plt.pcolormesh(x1, x2, y_show_hat, cmap=cm_light)   # 预测值的显示

        data1 = array([[60, 60], [62, 65], [73, 70], [75, 82], [77,
    85], [90, 95], [92, 90]])   # 活跃的学生
        data2 = array([[19, 30], [30, 40], [36, 47], [40, 52], [47,
    50], [50, 55]])   # 不活跃的学生
        testdata = [37, 35]   # 活跃的学生

    plt.scatter(data1[0:, :1], data1[0:, 1:2], marker='o',
color='g', label='1', s=70)
    plt.scatter(data2[0:, :1], data2[0:, 1:2], marker='o',
color='', edgecolors='g', label='2', s=70)
    plt.scatter(testdata[:1], testdata[1:], marker='*', color='b',
label='3', s=120)
    plt.xlabel(student_feature[0], fontsize=9)
    plt.ylabel(student_feature[1], fontsize=9)
    plt.xlim(x1_min, x1_max)
    plt.ylim(x2_min, x2_max)
    plt.grid(b=True, ls=':', color='#606060')
    plt.show()
```

运行结果如图 4-4 所示，这里需要注意的是，在运行过程中生成的图形可能与图 4-4 有出入，是由计算时分裂属性值不同造成的，但其结果都是正确的。

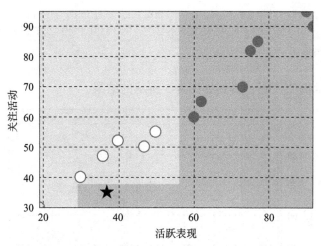

图 4-4　学生是否活跃 3 层决策树二维图可视化表示

5. 评估模型的性能指标

参考代码如下。

决策树分类操作 – 决策树评估模型的性能指标讲解视频

```
y_test = y.reshape(-1)
print(y_test_hat)    # 打印学生是否参加活动的预测值
print(y_test)        # 打印学生是否参加活动的原始值
result = (y_test_hat == y_test)   # True 则预测正确,False 则预测错误
acc = np.mean(result)
print(' 准确率: %.2f%%' % (100 * acc))
```

运行结果:

```
[0 0 0 0 0 0 1 1 1 1 1 1 1 1]
[0 0 0 0 0 0 1 1 1 1 1 1 1 1]
准确率: 100.00%
```

运行结果原始值与分类的结果都是一样的,准确率达到 100.00%。这与树的深度设置有关,树的决策

决策树分类操作 – 决策树参数 max_depth 设置讲解视频

深度可以通过 DecisionTreeClassifier 的参数 max_depth 的属性值设定,如果只构成 2 层树,则设置下面的语句:

```
model = DecisionTreeClassifier(criterion='entropy',max_depth=2)
# 构建决策树模型
```

重新运行示例的代码，得到如图 4-5 所示的结果。

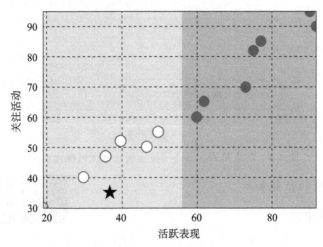

图 4-5　学生是否活跃 2 层决策树二维图可视化表示

此时可以看到，学生★本来是活跃的学生，但相对于大多数的活跃学生●则属于离群信息，故在进行 2 层深度数据的决策时，找到大多数数据的信息表示，把他分到了不活跃学生的行列，即第 7 个数据分类错误，此时模型的准确率为 92.86%。

```
[0 0 0 0 0 0 0 1 1 1 1 1 1 1]
[0 0 0 0 0 0 1 1 1 1 1 1 1 1]
准确率：92.86%
```

4.2.2　鸢尾花决策树分类深度与过拟合

应用 3.3.2 节鸢尾花数据进行决策树的分类描述，决策树深度的建立直接影响决策树的分类结果。但如果深度设置不当，会导致模型泛化能力不足或过拟合。所以在进行建模之前，有必要学习决策树模型深度与过拟合的关系。

1. 构建决策树深度与学习错误率的模型

参考代码如下。

```
def DecisionTreeClassifierOverfit(x_train, x_test, y_train, y_
test,depth):
        err_list = []
        for d in depth:
clf = DecisionTreeClassifier(criterion='entropy', max_depth=d)
clf.fit(x_train, y_train)
            y_test_hat = clf.predict(x_test)   # 测试数据
            result = (y_test_hat == y_test)   # True 则预测正确，False
        则预测错误
            err = 1 - np.mean(result)
            err_list.append(err)
            print(d, ' 错误率：%.2f%%' % (100 * err))
plt.figure(figsize=(4, 3),facecolor='w')
plt.plot(depth, err_list, 'ro-', markeredgecolor='k', lw=2)
plt.xlabel('决策树深度 ', fontsize=9)
plt.ylabel('错误率 ', fontsize=9)
plt.grid(b=True, ls=':', color='#606060')
plt.show()
```

2. 读取数据，调用构建决策树深度与学习错误率的模型

参考代码如下。

```
import numpy as np
import pandas as pd
import matplotlib as mpl
import matplotlib.pyplot as plt
from sklearn.tree import DecisionTreeClassifier
from sklearn.metrics import accuracy_score
from sklearn.model_selection import train_test_split
if __name__ == "__main__":
    mpl.rcParams['font.sans-serif'] = ['SimHei']
```

```
mpl.rcParams['axes.unicode_minus'] = False
path = '..\\iris.data'   # 数据文件路径
data = pd.read_csv(path, header=None)
x_prime = data[list(range(2,4))]     # 获取 "花瓣长度""花瓣
宽度" 的数据
y = pd.Categorical(data[4]).codes
# 数据量较少，所以按 7：3 的比例拆分数据集
x_train, x_test, y_train, y_test = train_test_split(x_prime,
y, train_size=0.7, random_state=0)
# 深度与过拟合
depth = np.arange(1, 15)
DecisionTreeClassifierOverfit(x_train, x_test, y_train, y_test, depth)
```

运行结果如图 4-6 所示。

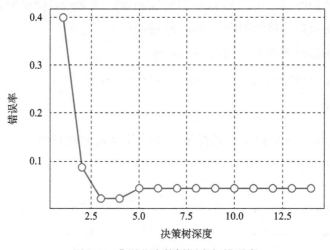

图 4-6　鸢尾花决策树深度与错误率

如图 4-6 所示，当决策树的深度超过 3 时，决策树的泛化能力会降低，而且当深度大于 5 时，对决策树泛化能力的增强基本已经不起作用了，即出现了过拟合的现象。因此，针对当前的鸢尾花数据，深度取值为 3 更为恰当。

4.2.3　鸢尾花决策树分类模型与评估

建立鸢尾花决策树深度为 3 时的决策模型，并进行模型的评估。

1. 建立决策树深度为 3 的决策模型

参考代码如下。

```
model = DecisionTreeClassifier(criterion = 'entropy', max_depth = 3)
model.fit(x_train, y_train)
# 输出分裂过程
from sklearn import tree
print('分裂过程:', tree.export_graphviz(model))
```

运行结果：

```
分裂过程: digraph Tree {
node [shape=box] ;
0 [label="X[1] <= 0.75\nentropy = 1.58\nsamples = 105\nvalue =
[34, 32, 39]"] ;
1 [label="entropy = 0.0\nsamples = 34\nvalue = [34, 0, 0]"] ;
0 -> 1 [labeldistance=2.5, labelangle=45, headlabel="True"] ;
2 [label="X[0] <= 4.95\nentropy = 0.993\nsamples = 71\nvalue =
[0, 32, 39]"] ;
0 -> 2 [labeldistance=2.5, labelangle=-45, headlabel="False"] ;
3 [label="X[1] <= 1.65\nentropy = 0.431\nsamples = 34\nvalue =
[0, 31, 3]"] ;
2 -> 3 ;
4 [label="entropy = 0.0\nsamples = 30\nvalue = [0, 30, 0]"] ;
3 -> 4 ;
5 [label="entropy = 0.811\nsamples = 4\nvalue = [0, 1, 3]"] ;
3 -> 5 ;
6 [label="X[0] <= 5.05\nentropy = 0.179\nsamples = 37\nvalue =
[0, 1, 36]"] ;
2 -> 6 ;
7 [label="entropy = 0.811\nsamples = 4\nvalue = [0, 1, 3]"] ;
6 -> 7 ;
```

```
8 [label="entropy = 0.0\nsamples = 33\nvalue = [0, 0, 33]"] ;
6 -> 8 ;
}
```

结果中 X[1] 是花瓣宽度的数据，X[0] 是花瓣长度的数据。分裂过程中显示当 X[1] <= 0.75 时的数据大多是 Iris-setosa 类数据，剩下的数据中，当 X[0] <= 4.95 和 X[1] <= 1.65 时，都是 Iris-versicolor 类数据，其余的是 Iris-virginica 类数据。

2. 建立实现决策树分类二维图可视化的方法

为了树的分裂过程便于观察，可建立实现决策树分类二维图可视化的方法。参考代码如下。

```
def DecisionTreeClassifierPlot(x_train, x_test, y_train, y_test):
    N, M = 500, 500   # 横、纵各采样多少个值
    x1_min, x2_min = x_train.min()
    x1_max, x2_max = x_train.max()
    t1 = np.linspace(x1_min, x1_max, N)
    t2 = np.linspace(x2_min, x2_max, M)
    x1, x2 = np.meshgrid(t1, t2)   # 生成网格采样点
    x_show = np.stack((x1.flat, x2.flat), axis=1)   # 测试点
    cm_light = mpl.colors.ListedColormap(['#A0FFA0', '#FFA0A0', '#A0A0FF'])
    cm_dark = mpl.colors.ListedColormap(['g', 'r', 'b'])
    y_hat = model.predict(x_show)
    y_hat = y_hat.reshape(x1.shape)
plt.figure(figsize=(4, 3), facecolor='w')
plt.contour(x1, x2, y_hat, colors='k', levels=[0, 1], antialiased=True, linewidths=1)
plt.pcolormesh(x1, x2, y_hat, cmap=cm_light)   # 预测值
plt.scatter(x_train[2],x_train[3],c=y_train,s=20,edgecolors='k',
cmap=cm_dark,label=' 训练集 ')
```

```
    plt.scatter(x_test[2],x_test[3],c=y_test,s=80,marker='*',edgec
olors='k',cmap=cm_dark,label=' 测试集 ')
    plt.xlabel(' 花瓣长度 ', fontsize=9)
    plt.ylabel(' 花瓣宽度 ', fontsize=9)
    plt.xlim(x1_min, x1_max)
    plt.ylim(x2_min, x2_max)
    plt.grid(b=True, ls=':', color='#606060')
    plt.tight_layout(1, rect=(0, 0, 1, 0.94))
    plt.show()
```

运行结果如图 4-7 所示。

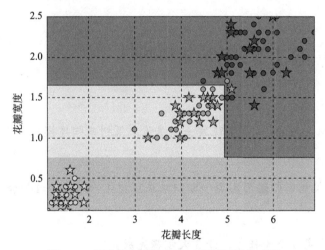

图 4-7　鸢尾花决策树分类二维图可视化表示

3. 建立决策树深度为 3 时模型性能的方法

参考代码如下。

```
    def DecisionTreeClassifierModelEvaluation(x_train, x_test, y_
train, y_test):
        y_train_pred = model.predict(x_train)
        acc_train = accuracy_score(y_train, y_train_pred)
        y_test_pred = model.predict(x_test)
        acc_test = accuracy_score(y_test, y_test_pred)
        return acc_train,acc_test
```

调用方法，并输出决策树模型性能评估结果，参考代码如下。

```
    acc_train, acc_test=DecisionTreeClassifierModelEvaluation
(x_train, x_test, y_train, y_test)
    print('\t训练集准确率: %.4f%%' % (100 * acc_train))
    print('\t测试集准确率: %.4f%%\n' % (100 * acc_test))
```

运行结果：

```
训练集准确率: 98.0952%
测试集准确率: 97.7778%
```

可以看出，训练集与测试集的鸢尾花分类的结果准确率都很高。

任务4.3   波士顿房价决策树回归

任务目标

能正确应用 Sklearn 工具实现波士顿房价决策树回归建模。

任务分析

Sklearn 决策树回归编程实现→回归结果可视化→深度与过拟合→模型评估

任务分解

本任务共设定 3 个子任务，分 3 大步骤完成。

第 1 步：决策树回归的 Python 实现，分类结果树状图和二维图实现。

第 2 步：通过决策树回归程序编写，理解深度与过拟合。

第 3 步：Python 实现决策树回归模型评估。

4.3.1   决策树回归Python编程

所谓回归，就是根据特征向量来决定对应的输出值。回归树就是将特征空间划分为若干单元，每一个划分单元有一个特定的输出。因为每个节点都是"是"和"否"的判断，所以划分的边界是平行于坐标轴的。对于测试数据，只要按照特征将其归到某个单元，即可得到对应的输出值。

采用 3.1.2 节的数据，如表 4-3 所示，进行决策树回归过程演示说明。

表 4-3 回归测试数据

x	1	2	3	5	7
y	4	8	9	10	19

在决策树回归计算中，最主要的是找到切分的点、区域输入和输出的值。可以首先假设 x 和 y 分别为输入和输出变量，并且 y 是连续变量。表 4-3 中只有 x 一个输入变量，可以认为是 1 个特征向量，毫无疑问它即为最优切分变量；然后考虑表 4-3 中数据可能的切分点，并计算每个待切分点的区域输入、输出值和损失函数值，其中最小值对应的点即为第一个决策树回归的切分点。具体计算过程如下。

第 1 步：设置可能的切分点 $S=\{1.5, 2.5, 4, 6\}$ 4 个切分点，将 5 组数分开。

第 2 步：计算每个切分点对应的输入 c_1 和输出 c_2 的值。

当 $S=1.5$ 时，$c_1=4$，$c_2=1/4 \times (8+9+10+19)=11.5$。

当 $S=2.5$ 时，$c_1=1/2 \times (4+8)=6$，$c_2=1/3 \times (9+10+19) \approx 12.67$。

当 $S=4$ 时，$c_1=1/3 \times (4+8+9)=7$，$c_2=1/2 \times (10+19)=14.5$。

当 $S=6$ 时，$c_1=1/4 \times (4+8+9+10)=7.75$，$c_2=19$。

第 3 步，计算各切分点的损失函数值，找到最优切分点。

$$L(1.5) = (4-4)^2 + (8-11.5)^2 + (9-11.5)^2 + (10-11.5)^2 + (19-11.5)^2 = 77$$

$$L(2.5) = (4-6)^2 + (8-6)^2 + (9-12.67)^2 + (10-12.67)^2 + (19-12.67)^2 \approx 68.7$$

$$L(4) = (4-7)^2 + (8-7)^2 + (9-7)^2 + (10-14.5)^2 + (19-14.5)^2 = 54.5$$

$$L(6) = (4-7.75)^2 + (8-7.75)^2 + (9-7.75)^2 + (10-7.75)^2 + (19-19)^2 = 20.75$$

由于 $L(6)$ 的值 20.75 是所有切分点中损失函数值最小的，所以选定决策树第一次分裂点为 6，看第 2 步，当 $S=6$ 时，输入 c_1 值为 7.75，输出 c_2 值为 19。

【例 4-2】决策树回归深度为 1 和 2 时的操作。

应用 Sklearn 工具中 tree 包下的 DecisionTreeRegressor 方法，实现表 4-3 中数据的决策树深度为 1 时的回归。

1. 引入包

参考代码如下。

```
from sklearn import tree
from sklearn.tree import DecisionTreeRegressor
```

2. 建立模型

建立决策树深度为 1 时的回归模型和 3.1.2 节应用的线性模型，方便对比，参考代码如下。

```
# 回归决策与深度
x_data = np.array([1,2,3,5,7])    # x轴原始数据
y_data = np.array([4,8,9,10,19])   # y轴原始数据


# 转一下维度, Sklearn 框架才能识别
x = x_data[:, np.newaxis]
y = y_data[:, np.newaxis]


# Fit regression model
model1 = DecisionTreeRegressor(max_depth=1)  # 决策树深度为 1 时的
回归
model2 = linear_model.LinearRegression() # 线性回归
model1.fit(x, y)
model2.fit(x, y)


# Predict
X_test = np.arange(0.0, 10, 0.01)[:, np.newaxis]
y_1 = model1.predict(X_test)
# 输出分裂过程
print(' 深度 1 分裂过程 :',tree.export_graphviz(model1))
y_2 = model2.predict(X_test)
```

运行结果：

```
深度 1 分裂过程 : digraph Tree {
```

```
node [shape=box] ;
0 [label="X[0] <= 6.0\nmse = 24.4\nsamples = 5\nvalue = 10.0"] ;
1 [label="mse = 5.188\nsamples = 4\nvalue = 7.75"] ;
0 -> 1 [labeldistance=2.5, labelangle=45, headlabel="True"] ;
2 [label="mse = 0.0\nsamples = 1\nvalue = 19.0"] ;
0 -> 2 [labeldistance=2.5, labelangle=-45, headlabel="False"] ;
}
```

可以看出，其切分点的值和输入、输出值与计算结果一致。

3. 将结果可视化

参考代码如下。

```
plt.figure(facecolor='w', figsize=(5, 3))
plt.scatter(x, y, s=20, edgecolor="black",
                c="darkorange", label="data")
plt.plot(X_test, y_1, ':', label="max_depth=1", linewidth=1)
plt.plot(X_test, y_2, '--',label="max_depth=2", linewidth=1)
plt.xlabel("x")
plt.ylabel("y")
plt.legend()
plt.show()
```

运行结果如图 4-8 所示。

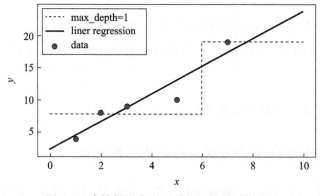

图 4-8　决策树深度为 1 时的回归可视化表示

与决策树分类类似，回归中深度的设置直接影响回归的结果。假设将上面回归模型进行深度为 2 的设置，增加的代码如下。

```
model2 = DecisionTreeRegressor(max_depth=2)
model3 = linear_model.LinearRegression()
model1.fit(x, y)
model2.fit(x, y)
print(' 深度 2 分裂过程 :',tree.export_graphviz(model2))
y_2 = model2.predict(X_test)
print(' 深度 2 分裂过程 :',tree.export_graphviz(model2))
plt.plot(X_test, y_3, color='red', label='liner regression',
linewidth=1)
```

运行结果：

```
深度 2 分裂过程 : digraph Tree {
node [shape=box] ;
0 [label="X[0] <= 6.0\nmse = 24.4\nsamples = 5\nvalue = 10.0"] ;
1 [label="X[0] <= 1.5\nmse = 5.188\nsamples = 4\nvalue = 7.75"] ;
0 -> 1 [labeldistance=2.5, labelangle=45, headlabel="True"] ;
2 [label="mse = 0.0\nsamples = 1\nvalue = 4.0"] ;
1 -> 2 ;
3 [label="mse = 0.667\nsamples = 3\nvalue = 9.0"] ;
1 -> 3 ;
4 [label="mse = 0.0\nsamples = 1\nvalue = 19.0"] ;
0 -> 4 [labeldistance=2.5, labelangle=-45, headlabel="False"] ;
}
```

决策树深度为 2 时的回归可视化表示如图 4-9 所示。

4.3.2 波士顿房价决策树回归深度与过拟合

应用任务 3.2 波士顿房价数据进行决策树回归模型的描述，决策树深度的建立不但影响决策树分类的结果，而且影响决策树回归的结果。同样，在进行决策树

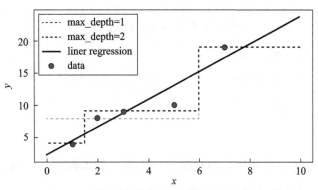

图 4-9　决策树深度为 2 时的回归可视化表示

回归模型建立之前，有必要学习决策树模型深度与过拟合的关系。

1. 构建决策树深度与学习错误率的模型

参考代码如下。

```
# 深度与过拟合
def DecisionTreeRegressorOverfit(x, y, num):
    depth = []
    err_list = []
    for d in range(num):
        clf = DecisionTreeRegressor(max_depth=(d+1))
        clf.fit(x, y)
        y_test_hat = clf.predict(x)   # 测试数据
        result = (y_test_hat == y)    # True 则预测正确，False 则
    预测错误
        err = 1 - np.mean(result)
        err_list.append(err)
        depth.append((d+1))
    errplot(depth, err_list)


# 深度与过拟合画图
def errplot(depth, err_list):
    plt.figure(figsize=(4, 3),facecolor='w')
    plt.plot(depth, err_list, 'ro-', markeredgecolor='k', lw=1)
```

```
plt.xlabel('决策树深度', fontsize=9)

plt.ylabel('错误率', fontsize=9)

plt.grid(b=True, ls=':', color='#606060')

plt.show()
```

2. 建立模型

参照 3.2.4 节将波士顿房价数据降维的方法，处理数据后，继续决策树回归模型深度与学习错误率的建模工作，参考代码如下。

```python
if __name__ == "__main__":

    file_data = pd.read_csv('..\\housing.data', header=None)

    data = np.empty((len(file_data), 14))

    for i, d in enumerate(file_data.values):

        d = list(map(float, list(filter(not_empty, d[0].split('
')))))

        data[i] = d

    x, y = np.split(data, (13, ), axis=1)

    y = y.ravel()


    # 切割数据样本集合测试集，每次切割的结果不一致

    X_train, x_test, y_train, y_test = train_test_split(x, y,
test_size=0.2)

    X_train1 = X_train[:, [5, 7, 10, 12]]    # 取 RM、DIS、
PTRATIO、LSTAT 值

    x_test1 = x_test[:, [5, 7, 10, 12]]    # 取 RM、DIS、PTRATIO、
LSTAT 值


    mpl.rcParams['font.sans-serif'] = ['SimHei']

    mpl.rcParams['axes.unicode_minus'] = False


    # 比较决策树深度的影响
```

```
DecisionTreeRegressorOverfit(X_train1, y_train, 30)
DecisionTreeRegressorOverfit(x_test1, y_test, 30)
```

运行结果如图4-10所示。

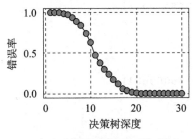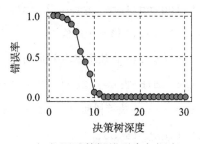

（a）训练数据错误率与深度　　　　（b）测试数据错误率与深度

图4-10　波士顿房价预测决策树模型回归深度与错误率

如图4-10所示，对于训练数据，当决策树深度超过19时，决策树的泛化能力不会再改变；对于测试数据，当决策树深度超过10时，决策树的泛化能力不会再改变，即出现了过拟合的现象。

4.3.3　波士顿房价决策树回归模型预测与评估

针对4.3.2节的结论，建立波士顿房价决策树回归深度与预测的模型，赋予不同的深度值，进行可视化显示并查看结果。

建立决策树深度为3的决策模型，参考代码如下。

```
def DecisionTreeRegressorDepth(x,y,depth):
colors = 'gbr'
linestyles = ['-.', '--', ':']   # 设置曲线不同的样式
plt.figure(facecolor='w')
plt.plot(y, 'ro', label=' 实际值 ')
#x_test = np.arange(0.0,5, 0.01)[:, np.newaxis]
#x_test = np.linspace(-3, 3, 50).reshape(-1, 1)
for d, c,style in zip(depth, colors,linestyles):
    clf = DecisionTreeRegressor(max_depth=d)
    clf.fit(x, y)
```

```
        y_test_hat = clf.predict(x)   # 测试数据

        plt.plot(y_test_hat, linestyle=style, color=c, linewidth=1,
      markeredgecolor='k', label='Depth=%d' % d)
  plt.legend(loc='upper left', fontsize=12)

  plt.xlabel(' 第 x 个房价 ')

  plt.ylabel(' 自住房屋均房价 ')

  plt.grid(b=True, ls=':', color='#606060')

  plt.title(' 决策树回归 ', fontsize=15)

  plt.tight_layout(2)

  plt.show()
```

依据 3.2.2 节的结论，分别将决策树深度设为 1、4、13，查看结果。

```
depth = [1,4, 13]

DecisionTreeRegressorDepth(x_test1, y_test, depth)
```

运行结果如图 4-11 所示。

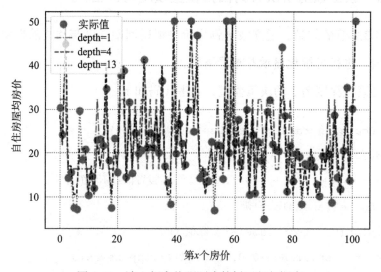

图 4-11　波士顿房价预测决策树回归与深度

图 4-11 中描述了当决策树回归设定不同深度时，树的泛化能力不同。决策树越深，回归的效果越好，但不能过深，否则会出现过拟合现象；也不能过浅，否则会出现欠拟合现象。

4.4 项目复盘

本章主要介绍了决策树的基本理论知识和实践应用过程。

在任务 4.1 中，主要介绍决策树的必要理论知识：决策树归纳算法基本策略、树的划分规则和树的剪枝处理。

在任务 4.2 中，首先通过判别学生是否活跃的案例演示决策树分类实现的基本过程，然后通过鸢尾花分类的案例演示决策树分类实现的过程，介绍应用过程中需要注意的深度与过拟合问题，以及分类模型评估的方法。

在任务 4.3 中，首先通过极其简单的案例演示决策树回归实现的基本过程，然后通过波士顿房价回归的案例演示决策树回归实现的过程，介绍应用过程中需要注意的深度与过拟合问题，以及分类模型评估的方法。

4.5 实操练习

1. 理解决策树归纳算法的基本策略。

2. 理解决策树的划分规则。

3. 理解决策树的剪枝处理知识。

4. 实现 4.2.2 节的 Python 编程。

5. 实现 4.2.3 节的 Python 编程。

6. 实现 4.3.2 节的 Python 编程。

7. 实现 4.3.3 节的 Python 编程。

参考答案

项目5
贝叶斯分类

kNN 通过设定 k 值应用投票的方法完成数据的分类，线性回归通过为回归的数据打上离散的标签实现分类的过程，决策树通过从根节点到叶节点递归比较节点的属性值得出分类结论。本项目将介绍一种判别分析方法，主要使用概率去表示类别分布的不确定性，代表方法是朴素贝叶斯分类器。从概率论基础开始，首先简要介绍朴素贝叶斯基本知识，然后通过鸢尾花分类与邮件分类的案例分别演示先验为高斯分布的朴素贝叶斯 GaussianNB 类和先验为多项式分布的朴素贝叶斯 MultinomialNB 类的应用过程。

任务列表

任务名称	任务描述
任务 5.1　知识准备	由概率到贝叶斯理论推断过程、朴素贝叶斯推断
任务 5.2　鸢尾花 GaussianNB 分类	高斯朴素贝叶斯基本知识，及鸢尾花分类编程
任务 5.3　邮件 MultinomialNB 分类	多项式朴素贝叶斯基本知识、中文分词、停词、高频词统计、邮件分类编程

学习目标

最终目标：

能正确应用贝叶斯分类知识进行建模。

促成目标：

能理解贝叶斯推断的过程。

能应用高斯朴素贝叶斯知识实现鸢尾花分类的 Python 程序。

能应用多项式朴素贝叶斯知识实现垃圾邮件与正常邮件分类的 Python 程序。

任务5.1　知识准备

任务目标

能理解贝叶斯推断的过程和分类的核心思想。

任务分析

贝叶斯分类基本知识→贝叶斯推断过程→朴素贝叶斯推断过程

任务分解

本任务共设定 3 个子任务，分 3 大步骤完成。

第 1 步：了解贝叶斯基本知识。

第 2 步：理解贝叶斯推断过程。

第 3 步：理解朴素贝叶斯推断过程。

5.1.1　概述

贝叶斯分类是基于贝叶斯理论（Bayesian Theory）的机器学习方法，而贝叶斯理论利用先验经验和样本数据来获得对未知样本的估计。贝叶斯分类技术通过对已知分类的样本子集进行训练，基于统计学知识，通过求解后验概率分布，预测样本属于某一类别的概率，进而实现对未知样本的分类。

朴素贝叶斯分类算法（Naive Bayes）也称简单的贝叶斯分类算法，是基于贝叶斯定理与特征条件独立假设的分类方法。朴素贝叶斯分类算法在贝叶斯算法的基础上进行了简化，假定各特征独立作用于类别变量。尽管这一假设在一定程度上降低了贝叶斯分类算法的适用范围，然而在实际应用中，它不仅大大降低了贝叶斯方法的复杂性，而且在许多领域，在违背这种假设的条件下，朴素贝叶斯分类也表现出很高的健壮性和高效性。

为了正确应用贝叶斯分类规则，深入理解贝叶斯分类的深层含义，有必要理解贝叶斯与朴素贝叶斯的推断过程。

5.1.2 贝叶斯推断

贝叶斯偏主观概率，是对事务不确定性的一种度量，例如，案例中学生是否活跃的数据分类现象，并不会像客观概率那样，经过多次重复采样后会趋于一个值；又如，经典的抛硬币实验，当实验采样发生一定次数后，整个样本空间 Ω 中硬币正面（F）、反面（R）出现的概率趋近于 50%。如果一起抛 3 个硬币，那么出现的样本空间包括 { FFF, FFR, FRF, FRR, RRR,RFF,RFR,RRF } 共 8 种情况，每种情况出现的概率为 1/8。可以用集合论来诠释抛硬币出现每种现象的可能性，即概率的计算过程，如图 5-1 所示。

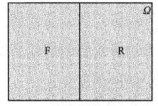

(a)抛1个硬币   (b)抛3个硬币

图 5-1 抛硬币概率事件描述

图 5-1 中，描述的抛硬币事件符合经典概率公理表述：

■ 对于每个事件（如 A），有 $P(A) \geqslant 0$。

■ 如果 A 和 B 是两个不相交的事件，则它们的并集概率满足 $P(A \cup B)=P(A)+P(B)$。此外，如果样本空间具有无限个元素，$A_1, A_2, \cdots, A_n$，且它们之间是一系列不相交的事件，那么它们的并集满足的概率如式（5-1）所示。

$$P(A_1 \cup A_2 \cup \cdots \cup A_n) = P(A_1) + P(A_2) + \cdots + P(A_n) \qquad (5-1)$$

■（归一化）整个样本空间 Ω 的概率等于 1，即 $P(\Omega)=1$。

抛硬币事件让我们理解了单独事件概率的求解过程，然而在现实生活中，我们可能更多地是面对一些带有条件的事件辨别情形。例如，抛 3 个硬币，在出现正面的情形下，研究同时出现反面的可能性有多大等，即研究事件间的伴随关系，如图 5-2 所示。

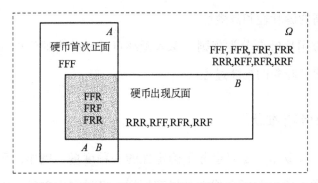

图 5-2　抛 3 个硬币时正、反面同时出现的概率

图 5-2 中，用 A 描述了 3 个硬币在抛出时首次出现正面 F 的事件，其在 Ω 空间出现的概率为 $P(A)=4/8$。阴影部分 $A\cap B$ 描述了硬币在首次抛出为正面时，硬币出现反面事件，共 3 个，其在 Ω 空间出现的概率为 $P(A\cap B)=3/8$。如果样本空间针对事件 A 来讲，则在硬币首次抛出为正面时，硬币出现反面事件可表示为 $P(B|A)=3/4$，用公式来表述这种关系，如式（5-2）所示。

$$P(B|A)=\frac{P(A\cap B)}{P(A)} \tag{5-2}$$

式（5-2）描述了在事件 A 发生的情况下，事件 B 发生的概率。所以，抛出 3 个硬币，在硬币首次是正面的情况下，硬币出现反面的概率为

$$P(B|A)=\frac{P(A\cap B)}{P(A)}=\frac{3/8}{4/8}=\frac{3}{4}$$

该例表述了条件概率的内容，即指事件 A 在事件 B 发生条件下发生的概率。条件概率表示为 $P(B A)$，读作 "$P(B)$ given $P(A)$" 或 "事件 B 在事件 A 发生条件下发生的概率"，其中 $P(A)>0$。在可能的结果有限且均等的情况下，可用式（5-3）计算。

$$P(B|A)=\frac{A\cap B\text{的元素数}}{A\text{的元素数}} \tag{5-3}$$

例如，对于抛硬币事件，$A\cap B$ 的元素数为 {FFR,FRF,FRR} 共计 3 个，A 的元素数为 {FFF,FFR,FRF,FRR} 共计 4 个，由于抛硬币为均等事件，所以 $P(B|A)$ 结果可计算为 3/4。

将此话题进行延伸，考虑有 N 个事件是基于事件 B 发生条件下的概率求解过程，如图 5-3 所示。

图 5-3 中，将事件 $\{A_1,A_2,\cdots,A_n\}$ 视为样本空间的 n 个分区，因此事件 B 分解为 $A_1,A_2,\cdots,A_n$ 与 B 不相交联合，即 $P(B)$ 的求解过程为

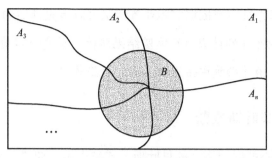

图 5-3　全概率

$$P(B) = P(A_1 \cap B) + P(A_2 \cap B) + \cdots + P(A_n \cap B) \tag{5-4}$$

参考式（5-2），可将式（5-4）变形为

$$P(B) = P(A_1)P(B|A_1) + P(A_2)P(B|A_2) + \cdots + P(A_n)P(B|A_n) \tag{5-5}$$

式（5-5）即为全概率公式的表示形式，其中 $P(A_i) > 0$，i 为 $\{1,2,3,\cdots,n\}$。

贝叶斯定理由英国数学家贝叶斯提出，用来描述两个条件概率之间的关系。例如，图 5-3 中在给定训练事件 B 时，确定 A（$\{A_1,A_2,\cdots,A_n\}$）为假设空间，这是一个典型的分类问题。即在式（5-5）全概率的基础上，在假设已知 A 的情况下，求取基于条件 B 下每个 A_i（i 为 $1,2,3,\cdots,n$）的可能性，可推断贝叶斯的公式如式（5-6）所示。

$$P(A_i|B) = \frac{P(B|A_i)P(A_i)}{P(B)} = \frac{P(B|A_i)P(A_i)}{P(A_1)P(B|A_1) + P(A_2)P(B|A_2) + \cdots + P(A_n)P(B|A_n)} \tag{5-6}$$

将其进行推广、变形，即得到

$$P(A|B) = \frac{P(B|A)P(A)}{P(B)} \tag{5-7}$$

式中，A 描述类别的值，如 $\{$活跃，不活跃$\}$；B 描述影响分类的特征因素 $x_1,x_2,\cdots,x_n$；$P(A|B)$ 描述学习样本基于 B 分类条件下 A 的概率，也称似然（likelihood）值。经过计算后，当一组具有新的 X 特征的值属于"活跃"的概率大于属于"不活跃"的概率时，我们会认为该组值属于活跃学生的分类。

把 $P(A)$ 称为"先验概率"（Prior probability），即在事件 B 发生之前，我们对事件 A 概率的一个判断。

将 $P(A|B)$ 称为"后验概率"（Posterior probability），即在事件 B 发生之后，我们对事件 A 概率的重新评估。

$P(B|A)/P(A)$ 是一个调整因子，使得预估概率更接近真实概率。所以，也可

以将式（5-7）理解为对一个依据实际业务情况可以事先预估的概率 $P(A)$，通过加入调整因子 $P(B/A)/P(A)$ 的计算进行实验结果调整，看这个实验到底是增强还是削弱了"先验概率"，由此得到更接近事实的"后验概率"。

5.1.3 朴素贝叶斯推断

贝叶斯分类核心可以用著名的贝叶斯公式来表示，如式（5-7）所示，它可以理解为由全概率公式推导而来。贝叶斯的核心思想是选择具有最高概率的决策，而朴素贝叶斯分类是贝叶斯分类决策理论的一部分，如果调整因子 $P(B|A)/P(A)>1$，则意味着"先验概率"被增强，事件 A 发生的可能性变大；如果"可能性函数"=1，则意味着事件 A 无助于判断事件 B 的可能性；如果"可能性函数"<1，则意味着"先验概率"被削弱，事件 A 发生的可能性变小。针对每一个 $x_1, x_2, \cdots, x_n$ 值来讲，$P(B)$ 类似一个大于 0 的常数，故在分类的可能性计算中，重点研究似然值的大小。在朴素贝叶斯中，它意在描述当 $X = \{x_1, x_2, \cdots, x_n\}$ 分类的影响因素之间是相互独立的关系，即 $x_1 \perp x_2 \perp \cdots \perp x_n$ 时，$P(x_1, x_2, \cdots, x_n | A)$ 的概率可由式（5-8）进行描述。

$$P(x_1, x_2, \cdots, x_n | A) = P(x_1 | A)P(x_2 | A) \cdots P(x_n | A) = \prod_{i=1}^{n} P(x_i | A) \qquad （5-8）$$

对于 P 来讲，由于 $P(B)$ 相对于每个计算的概率值是固定不变的，因此在比较后验概率时，只需要计算每个 $P(x_1, x_2, \cdots, x_n | a_i)P(a_i)$ 的值，其中，a_i 是 A 的类别值，大的概率为最可能分得的样本类别。应用 4.1.1 节中表 4-1 AllElecttronics 顾客数据库类标记的训练元组数据，假定存在一组数据 $X = (x_1, x_2, x_3, x_4)$，其中 x_1 表示 age 属性 youth 值，x_2 表示 income 属性 medium 值，x_3 表示 student 属性 yes 值，x_4 表示 credit_rating 属性 fair 值，应用朴素贝叶斯表示是否购买计算机的顾客分类情况，其中 $A = (a_1, a_2)$，a_1 表示类别 buys_computer 属性 yes 值，a_2 表示类别 buys_computer 属性 no 值。

购买计算机的顾客概率求解过程为

$$P(x_1, x_2, x_3, x_4 | a_1)P(a_1) = P(x_1 | a_1)P(x_2 | a_1)P(x_3 | a_1)P(x_4 | a_1)P(a_1)$$
$$= \frac{2}{9} \times \frac{4}{9} \times \frac{6}{9} \times \frac{6}{9} \times \frac{9}{14}$$
$$\approx 0.028$$

不购买计算机的顾客概率求解过程为

$$P(x_1,x_2,x_3,x_4\,|\,a_2)P(a_2)=P(x_1\,|\,a_2)P(x_2\,|\,a_2)P(x_3\,|\,a_2)P(x_4\,|\,a_2)P(a_2)$$
$$=\frac{3}{5}\times\frac{2}{5}\times\frac{1}{5}\times\frac{2}{5}\times\frac{5}{14}$$
$$\approx0.007$$

由于 0.028 > 0.007，所以判定元组 X 的类为购买计算机（buys_computer=yes）。

该模型详细求解过程可参见 Jiawei Ha 和 Micheline Kamber 所著《数据挖掘概念与技术》一书的 6.4.2 节。

任务5.2 鸢尾花GaussianNB分类

任务目标

能正确应用 Sklearn 工具实现鸢尾花贝叶斯分类建模。

任务分析

GaussianNB 理解→ Sklearn 下鸢尾花 GaussianNB 分类编程→模型评估

任务分解

本任务共设定 2 个子任务，分 2 大步骤完成。

第 1 步：GaussianNB 基础知识理解。

第 2 步：Sklearn 下鸢尾花 GaussianNB 分类编程实现与模型评估。

5.2.1 高斯朴素贝叶斯

朴素贝叶斯方法是基于贝叶斯定理的一组有监督学习算法，即"简单"地假设每对特征之间相互独立。Sklearn 中朴素贝叶斯类库的使用也比较简单。相对于决策树、kNN 算法，朴素贝叶斯需要关注的参数比较少，容易掌握。

在 Sklearn 中，GaussianNB 假设特征服从高斯分布，实现高斯朴素贝叶斯算法。给定一个类别 y 和一组 $\{x_1,x_2,\cdots,x_n\}$ 的特征向量，这些特征的概率分布假定为高斯分布，有

$$P(x_i\,|\,y)=\frac{1}{\sqrt{2\pi\sigma_y^2}}\exp\left[-\frac{\left(x_i-\mu_y\right)^2}{2\sigma_y^2}\right]$$

式中，参数 σ_y 和 μ_y 使用最大似然法估计。

该模型的应用首先引入包 sklearn.naive_bayes.GaussianNB，然后通过 fit 填充模型的训练数据，通过 predict 实现模型的预测。

5.2.2　鸢尾花分类Python编程

应用 GaussianNB 高斯朴素贝叶斯算法进行分类，代码实现过程很简单，仍然应用 4.2.2 节中的鸢尾花数据，进行分类预测，即计算后验概率 $P(A|B)$ 的值。其中，A 是鸢尾花的分类数据集 {Iris-setosa（山鸢尾），Iris-versicolor（杂色鸢尾），Iris-virginica（维吉尼亚鸢尾）}，B 是鸢尾花的 4 个属性特征 {Sepal.Length（花萼长度），Sepal.Width（花萼宽度），Petal.Length（花瓣长度），Petal.Width（花瓣宽度）}，针对每组鸢尾花数据进行分类计算时，哪个类别的概率值大，此组数据即被分至哪个类别。

应用 Sklearn 中的 GaussianNB 实现鸢尾花的分类过程，参考代码如下。

 贝叶斯分类－鸢尾花分类 Python 编程讲解视频

```
from sklearn import datasets
from sklearn.naive_bayes import GaussianNB


if __name__ == "__main__":
    iris = datasets.load_iris()
    gnb = GaussianNB()
    y_pred = gnb.fit(iris.data, iris.target).predict(iris.data)
    print('要预测的数据真实分类：',iris.target)# 打印要预测的数据真实
分类
    print('预测分类的结果',y_pred)# 打印预测分类的结果

    # 模型性能评估
    print("预测的数据总数为 %d 其中错误分类共有：%d" % (
    x_prime.shape[0], (y != y_pred).sum()))
```

运行结果：

要预测的数据真实分类：

 [0 0 0 0 0 0 0 0 0 0 0 0 0 0 0 0 0 0 0 0 0 0 0 0 0 0 0 0 0 0
0 0 0 0 0 0

 0 0 0 0 0 0 0 0 0 0 0 0 0 1 1 1 1 1 1 1 1 1 1 1 1 1 1 1 1 1
1 1 1 1 1 1

 1 1 1 1 1 1 1 1 1 1 1 1 1 1 1 1 1 1 1 1 1 1 1 1 1 2 2 2 2 2
2 2 2 2 2 2

 2 2 2 2 2 2 2 2 2 2 2 2 2 2 2 2 2 2 2 2 2 2 2 2 2 2 2 2 2 2
2 2 2 2 2 2

 2 2]

预测分类的结果

 [0 0 0 0 0 0 0 0 0 0 0 0 0 0 0 0 0 0 0 0 0 0 0 0 0 0 0 0 0 0
0 0 0 0 0 0

 0 0 0 0 0 0 0 0 0 0 0 0 0 1 1 **2** 1 1 1 1 1 1 1 1 1 1 1 1 1 1 1
1 1 **2** 1 1 1

 1 1 1 **2** 1 1 1 1 1 1 1 1 1 1 1 1 1 1 1 1 1 1 1 1 1 1 1 2 2 2 2 2
2 **1** 2 2 2 2

 2 2 2 2 2 2 2 2 **1** 2 2 2 2 2 2 2 2 2 2 2 2 2 **1** 2 2 2 2 2 2 2 2
2 2 2 2 2 2

 2 2]

预测的数据总数为 150 其中错误分类共有 ： 6

结果表明，对鸢尾花的 150 组数据应用朴素贝叶斯进行分类时，共有 6 组数据的类别分错了，详见预测分类结果中的加粗字体。

任务5.3 邮件MultinomialNB分类

任务目标

能正确应用 Sklearn 工具实现鸢尾花贝叶斯分类建模。

任务分析

MultinomialNB 理解→数据处理→ Sklearn 下邮件 MultinomialNB 分类编程

任务分解

本任务共设定 8 个子任务，分 8 大步骤完成。

第 1 步：多项式朴素贝叶斯基础知识理解。

第 2 步：邮件贝叶斯过滤分类业务理解。

第 3 步：邮件数据与停用词的理解与处理

第 4 步：中文分词实现与停用词过滤处理

第 5 步：获取邮件训练集单词列表和高频单词集

第 6 步：垃圾邮件与正常邮件样本中高频词获取

第 7 步：MultinomialNB 学习邮件分类

第 8 步：垃圾邮件与正常邮件分类实现

5.3.1　多项式朴素贝叶斯

MultinomialNB 实现了服从多项分布数据的朴素贝叶斯算法，也是用于文本分类的两大经典朴素贝叶斯算法之一。分布参数由每类 y 的 $\theta_y = (\theta_{y1}, \theta_{y2}, \cdots, \theta_{yn})$ 向量决定，式中 n 是特征的数量（对于文本分类，是词汇量的大小），θ_{yi} 是样本中属于类 y 中特征 i 的概率 $P(x_i|y)$。参数 θ_y 使用平滑过的最大似然估计法来估计，即相对频率计数。

$$\hat{\theta}_{yi} = \frac{N_{yi} + \alpha}{N_y + \alpha n}$$

式中，$N_{yi} = \sum_{x \in T} x_i$，为训练集 T 中特征 i 在类 y 中出现的次数；$N_y = \sum_{i=1}^{n} N_{yi}$，是类 y 中出现所有特征的计数总和；先验平滑因子 $\alpha \geq 0$，为在学习样本中没有出现的特征而设计，以防在将来的计算中出现 0 概率输出。

【例 5-1】MultinomialNB 基本应用。

```
import numpy as np
from sklearn.naive_bayes import MultinomialNB    # 导入多项式朴素
贝叶斯分类器
```

```
if __name__ == "__main__":
    # 生成 6 组，每组 100 个，且数据为 0 ~ 4 之间的某个数
    X = np.random.randint(5, size=(6, 100))
    # 6 组数据对应的类别
    y = np.array([1, 2, 3, 4, 3, 3])
    # 建立 MultinomialNB 的贝叶斯模型
    clf = MultinomialNB(alpha=1.0, class_prior=None, fit_prior=True)
    clf.fit(X, y)
    # 将数据集 6 组数中的后 3 组，即 4 ~ 6 作为测试集进行分类预测
    y_nb_pred = clf.predict(X[3:6])
    # 打印预测的类别
    print('数据真的类别：',y[3:6])
    print('数据预测的类别：',y_nb_pred)
```

运行结果：

```
数据真的类别： [4 3 3]
数据预测的类别： [4 3 3]
```

5.3.2 邮件贝叶斯过滤分类

通过邮件与人进行私人或工作上的交流是一件方便、快捷、令人开心的事情，如学习上的交流邮件，我们称之为正常邮件。本案例应用 normal-train1.txt 和 normal-train2.txt 两封测试邮件进行正常邮件的样例描述。

■ normal-train1.txt

小张，您好！
上次您介绍给我的教材，对我很有帮助，于是，希望您能再介绍几本教材给我，非常感谢。

■ normal-train2.txt

小李，您好！

> 论文还需要修改，具体情况请在附件中查收。

正常邮件可辅助我们学习、工作等，但邮箱中也会收到一些与工作、生活不相关的邮件（如广告等），干扰了我们的正常生活，这些邮件被称为垃圾邮件。本案例应用spam-train1.txt和spam-train2.txt两封测试邮件进行垃圾邮件的样例描述。

■ spam-train1.txt

> ＊＊＊期刊：
>
> 【主要栏目】：信息技术。
>
> 投稿邮箱：XX@163.com

■ spam-train2.txt

> ＊＊＊期刊：
>
> 【主要栏目】：大数据技术。
>
> 投稿邮箱：XX@129.com

应用贝叶斯模型进行垃圾邮件过滤，可以帮助我们判断收到的陌生邮件中，哪些是正常邮件，哪些是垃圾邮件。对于企业内部系统，做到在接收邮件之前对垃圾邮件进行拦截，对正常邮件继续投递是一件有意义的事情。

本例基于网络收集了正常邮件与垃圾邮件两类数据，意在实现对未知邮件的分类预测。主要思路就是以用户收集的大量已接收的历史邮件为载体，将每个有效的单词在当前邮件中的词频作为特征值，对正常邮件与垃圾邮件进行分类，依据朴素贝叶斯理论进行计算。

$$P(W\,|\,C) = \prod_{i=1}^{n} P(w_i\,|\,C)$$

式中，W代表有效词 { 单词1，单词2，…，单词n} 情况；C代表邮件分类（垃圾邮件、正常邮件）；w_i代表第i（1,2,3,…,n）个单词。具体实现过程如下。

第1步：将收集的大量邮件按正常邮件存储在normal文件夹，垃圾邮件存储在spam文件夹进行分类。

第2步：提取邮件数据集中有效的字词，即去掉"的""于是"等词及一些无效的数字、字符等。

第 3 步：应用 MultinomialNB，建立贝叶斯模型，计算每封邮件当前训练集中的有效单词的概率 $P(w_i|C=\text{spam})$ 和 $P(w_i|C=\text{normal})$，然后计算该封邮件为垃圾邮件的概率 $P(C=\text{spam}|W)$ 和该封邮件为正常邮件的概率 $P(C=\text{normal}|W)$，其中 W 为该封邮件中所有的有效单词，即 { 单词 1，单词 2，…，单词 n}。此时如果 $P(C=\text{spam}|W) > P(C=\text{normal}|W)$，则该封邮件将被判定为垃圾邮件，反之为正常邮件。

5.3.3　数据准备与停用词表准备

在邮件参与贝叶斯分类前，需要对邮件中的非有效词进行过滤，比如常见的不能说明邮件性质的词 "的" "在" "于是" 和标点符号等。为了实现此功能，首先需要对训练用的邮件样本集中的每封邮件进行读取、分词处理、非有效词过滤处理。

其中，分词处理主要指将每封邮件中的词进行中文切分；非有效词过滤指对已经切分好的中文分词列表进行标点符号过滤和业务相关的一些停用词的处理。

下面将通过一个案例进行描述。

第 1 步：分别获取正常邮件与垃圾邮件的文件列表，为后面的邮件加入分类标签做准备，参考代码如下。

```python
# 导入包
import os;
# 获取指定路径下的文件列表
def get_File_List(filePath):
    filenames = os.listdir(filePath)
    return filenames
# 编写主函数，实现指定邮件列表读取功能
if __name__ == "__main__":
    # 邮件数据所在路径
    url='./../dataDemo/'  # 设置文件存储路径
    # 分别获得正常邮件、垃圾邮件数据集中的文件列表
    normFileList = get_File_List(url+"normal")
    spamFileList = get_File_List(url+"spam")
```

运行结果：

```
正常邮件的文件列表：['normal-train1.txt', 'normal-train2.txt']
垃圾邮件的文件列表：['normal-train1.txt', 'normal-train2.txt']
```

第2步：手写停用词文件内容，用于依据业务定义过滤垃圾邮件的非有效词，本例停用词文件的名称为 zh-stop-words.txt，编写程序读取手写的停用词内容，参考代码如下。

```python
# 获得停用词表
def getStopWords():
    stopList = []
    for line in open("../dataDemo/zh-stop-words.txt"):
            stopList.append(line[:len(line) - 1])
    return stopList;


if __name__ == "__main__":
    # 获得停用词表，用于对停用词进行过滤
    stopList = getStopWords()
    print(' 获得停用词表的内容: ', stopList)
```

运行结果：

```
获得停用词表的内容：['啊', '阿', '哎', '哎呀', '哎哟', '唉', '于是', '还', '']
```

5.3.4　中文切分与字符过滤及停用词处理

先以一个文件为例，实现邮件中有效单词的提取功能，参考代码如下。

```python
# 导入中文分词包
from jieba import cut
# 获取指定文件 txtFile 中的单词，删除干扰字符或长度为 1 的单词
def getWordsFromFile(txtFile,stopList):
```

```
        wordsList=[]
        with open(txtFile, encoding='utf8') as fp:
            for line in fp:
            line = line.strip()
            # 过滤干扰字符或无效字符
            line = sub(r'[.【】0-9、—。，！~\*]', '', line)
            line = cut(line)
            # 过滤长度为 1 的单词
            line = filter(lambda word: len(word) > 1, line)
            wordsList.extend(line)
            # 过滤掉停用词，剩余有效单词
            words = []
            for i in wordsList:
                    if i not in stopList and i.strip() != '' and i != None:
                        words.append(i)
        #print('normal-train1.txt 邮件内容字条过滤后，停用词过滤前词
表',wordsList)
        #print('normal-train1.txt 邮件内容字条过滤后，停用词过滤后词表 ',
    words)
        return words


    if __name__ == "__main__":
        # 对指定邮件进行中文切分，字符过滤和停用词过滤
        getWordsFromFile('./../dataDemo/normal/normal-train1.txt',
    stopList)
```

运行结果：

```
normal-train1.txt 邮件内容字条过滤后，停用词过滤前词表
    ['小张', '您好', '上次', '介绍', '教材', '帮助', '于是', '希望',
'介绍', '几本', '教材', '非常感谢']
```

> normal-train1.txt 邮件内容字条过滤后，停用词过滤后词表
>
> ['小张', '您好', '上次', '介绍', '教材', '帮助', '希望', '介绍',
> '几本', '教材', '非常感谢']

从结果中看到，在进行停用词处理前，normal-train1.txt 邮件中有"于是"这个词，它属于停用词表中的词，所以在进行停用词处理后，这个词被过滤掉了。在后面的垃圾邮件处理中，只有可把每一封邮件的内容都经过这样的处理，得到的单词数据集才是有效可用的。

5.3.5　获取全部训练集中单词列表和频次最高的单词集

分别获取正常邮件与垃圾邮件中最高频次的单词集，是为了挑选出正常邮件与垃圾邮件中具有代表性的词，依此对邮件进行判定。例如，"教材"这个词在正常邮件中属于高频词汇，但在垃圾邮件中不是，所以当一封未知分类邮件出现时，如果多次出现"教材"这个词，模型会偏向将未知邮件分配至正常邮件范畴。本例的做法是先将垃圾邮件中的词频读出，再依次读出正常邮件中的词频，进行高频词分析，保证邮件的顺序未变，有利于后续模型理解哪些高频词来自正常邮件，哪些高频词来自垃圾邮件。

参考代码如下。

```
# 导入包
from collections import Counter
from itertools import chain
# 获取并返回 url 路径下正常邮件和垃圾邮件出现频次最高的前 topN 个单词
def getTopNWords(topN,normFileList,spamFileList,url,stopList):
    # 存放所有文件中的单词
    allWords = []
    # 存放垃圾邮件的单词列表，每个文件对应一个列表
    for txtspamFile in spamFileList:
        allWords.append(getWordsFromFile(url+"spam/"+txtspamFile,
    stopList))
```

```
        for txtnormFile in normFileList:
                allWords.append(getWordsFromFile(url+"normal/"+txtn
            ormFile,stopList))
        # 获取并返回出现次数最多的前 topN 个单词
        frep = Counter(chain(*allWords))
        return [w[0] for w in frep.most_common(topN)], allWords


    if __name__ == "__main__":
        # 全部训练集中出现次数最多的前 10 个单词和所有单词列表
        topWords, allWords = getTopNWords(10, normFileList, spamFile-
        List,url,stopList)
        print('频次最高的前 10 个单词 ',topWords)
        print('所有词数据集: ',allWords )
```

运行结果:

```
频次最高的前 10 个单词
    ['期刊', '主要', '栏目', '投稿', '邮箱', 'XX', 'com', '您好',
'介绍', '教材']
    所有词数据集:
    [['期刊', '主要', '栏目', '信息技术', '投稿', '邮箱', 'XX', 'com'],
    ['期刊', '主要', '栏目', '数据', '技术', '投稿', '邮箱',
'XX', 'com'],
    ['小张', '您好', '上次', '介绍', '教材', '帮助', '希望', '介绍',
'几本', '教材', '非常感谢'],
    ['小李', '您好', '论文', '需要', '修改', '具体情况', '附件',
'查收']]
```

运行结果中描述了所有邮件中出现频次最高的 10 个词,其中"您好""教材"来自正常邮件,其他均来自垃圾邮件。

5.3.6　获取高频词数据集在邮件中的频次

获取 5.3.2 节中已求得的所有邮件中的高频词数据集中每个单词在每封邮件中出现的频率，这将会作为 $P(W|C)$ 中 W 的特征值，参与贝叶斯模型的计算，参考代码如下。

```python
# 引入包
from collections import Counter
from itertools import chain
from numpy import array
# 获取特征向量，即前 topWords 个单词在每封邮件中出现的频率
def getTestWordstopWords(topWords, allWords):
    vector = []
    for words in allWords:
        temp = list(map(lambda x: words.count(x), topWords))
# 统计每个邮件中的单词数量
        vector.append(temp)
    vector = array(vector)
    return vector
if __name__ == "__main__":
    # 获取特征向量，即前 topWords 个单词在每封邮件中出现的频率
    vector = getTestWordstopWords(topWords, allWords)
    print('W 特征向量的值: ',vector)
```

运行结果：

```
W 特征向量的值:
 [[1 1 1 1 1 1 0 0 0]
 [1 1 1 1 1 1 0 0 0]
 [0 0 0 0 0 0 1 2 2]
 [0 0 0 0 0 0 1 0 0]]
```

运行结果描述了 10 个高频词在每封邮件中出现的频次，如表 5-1 所示。

表 5-1　每封邮件中高频词出现的频次

邮 件	高 频 词									
	期刊	主要	栏目	投稿	邮箱	XX	com	您好	介绍	教材
spam-train1.txt	1	1	1	1	1	1	1	0	0	0
spam-train2.txt	1	1	1	1	1	1	1	0	0	0
normal-train1.txt	0	0	0	0	0	0	0	1	2	2
normal-train2.txt	0	0	0	0	0	0	0	1		

表 5-1 中描述了 4 封邮件的文件名，列出了 5.3.5 节中求解的 10 个高频词，内容主体部分列出了运行结果，即每封邮件中每个高频词对应的频次。

5.3.7　应用MultinomialNB创建贝叶斯模型训练数据

为特征向量 W 对应的邮件打上分类标签，建立贝叶斯模型，对已有数据进行训练，参考代码如下。

```python
# 引入贝叶斯分类的包
from sklearn.naive_bayes import MultinomialNB
# 创建贝叶斯模型，使用已有数据进行训练
def setBayesModel(vector, normFilelengh, spamFilelengh):
    # 打上标签，1 表示垃圾邮件，0 表示正常邮件
    labels = array([1] * spamFilelengh + [0] * normFilelengh)
    # 创建模型，使用已知训练集进行训练
    #print('W值: ',vector)
    print('C值: ', labels)
    model = MultinomialNB()
    model.fit(vector, labels)
    return model
if __name__ == "__main__":
    # 创建贝叶斯模型，使用已有数据进行训练
    model = setBayesModel(vector, normFilelengh, spamFilelengh)
    print(' 贝叶斯模型 ',model)
```

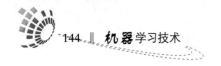

运行结果：

```
C值：[1 1 0 0]
贝叶斯模型 MultinomialNB(alpha=1.0, class_prior=None, fit_prior=True)
```

运行结果表明了参与 $P(W|C)$ 计算的 C 特征值为 [1 1 0 0]，即指出了表 5-1 中 W 对应的邮件类型，即 spam-train1.txt 和 spam-train2.txt 是垃圾邮件，与表 5-1 内容主体中前两行数据对应；normal-train1.txt 和 normal-train2.txt 是正常邮件，与表 5-1 内容主体中后两行数据对应。此任务完成了最终参与邮件分类计算的贝叶斯模型相关参数的设置工作。

5.3.8 应用MultinomialNB实现未知邮件分类预测

本任务将使用 5.3.7 节训练好的模型对未知邮件内容进行分类。共准备了 normal-test.txt（正常邮件）和 spam-test.txt（垃圾邮件）两封测试邮件。

■ normal-test.txt

小林，您好！

朋友最近介绍我一本教材，对我很有帮助，于是，也推荐给您一本，详见附件。

■ spam-test.txt

*** 期刊：

【主要栏目】：大数据

投稿邮箱：XXXXX@189.com

建立贝叶斯预测模型，并计算预测的结果，参考代码如下。

```
# 使用训练好的模型对未知邮件内容进行分类
def predict(txtFile, model, topWords,stopList):
    # 获取指定邮件文件内容，返回分类结果
    words = getWordsFromFile(txtFile,stopList)
    currentVector = array(tuple(map(lambda x: words.count(x),
  topWords)))
    result = model.predict(currentVector.reshape(1, -1))
```

```
        return '垃圾邮件' if result == 1 else '正常邮件'
if __name__ == "__main__":
        # 使用训练好的模型对未知邮件内容进行分类
        testFileList = get_File_List(url + "test")  # 获得测试邮件数
据集文件列表
        for testFile in testFileList:
            print(testFile+' 是: ',predict(url+'test/'+testFile, model,
        topWords,stopList))
```

运行结果：

```
normal-test.txt 是：正常邮件
spam-test.txt 是：垃圾邮件
```

两封邮件的预测结果完全正确。这里需要说明的是，在整个垃圾邮件的预测过程中，所有邮件的词集是加载在内存中的，如果单词数据量非常大，建议可将单词数据集写入磁盘进行维护。

5.4 项目复盘

在任务 5.1 中，首先介绍了贝叶斯的基本概念，然后结合抛硬币实验描述了贝叶斯推断的过程，最后结合著名的 AllElecttronics 顾客数据库中的数据信息描述了朴素贝叶斯推断的过程。

在任务 5.2 中，应用 Sklearn 中的 GaussianNB 实现鸢尾花高斯朴素贝叶斯分类过程。

在任务 5.3 中，应用 Sklearn 中的 MultinomialNB 实现了垃圾邮件和正常邮件的分类功能。首先介绍垃圾邮件的特点，并给出分类的思路。然后从读取邮件数据开始，分别完成中文分词、停用词处理、邮件单词列表高频词统计等。最后以垃圾邮件与正常邮件中高频词的概率为依据进行邮件的判定。

5.5 实操练习

1. 贝叶斯算法如何实现分类?

2. 描述贝叶斯推断过程。

3. 描述朴素贝叶斯推断过程。

4. 完成 5.2.2 节中鸢尾花 GaussianNB 分类的 Python 编程。

5. 完成任务 5.3 中垃圾邮件过滤的 Python 编程。

参考答案

项目6
支持向量机

　　本项目将介绍一种遵循结构风险最小化原则的广义线性分类器 SVM（Support Vector Machine，支持向量机），其核心思想是寻找使分类边距最大的分类超平面，以此来控制模型的泛化能力。本项目首先会从 SVM 的基本概念出发，体会线性和非线性可分 SVM 的基本理论及应用，然后选用 UCI 著名的鸢尾花数据、手写数字数据和半导体制造过程信息传递数据，建立 SVM 分类模型，详细描述 SVM 基本理论的应用过程。

任务列表

任务名称	任务描述
任务 6.1　知识准备	SVM 基本原理、线性可分与不可分、二分类问题、硬间隔与软间隔、GridSearchCV 优选参数
任务 6.2　基于 SVM 手写数字识别技术	数据读取、数据图片可视化、GridSearchCV 优选核参数、手写数字识别建模
任务 6.3　半导体制造过程信息传递判定	业务分析、数据读取、数据处理、模型训练、偏颇数据分类处理、模型性能评估与可视化分析

学习目标

　　最终目标：

　　能正确应用支持向量机知识进行建模。

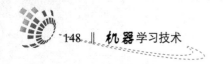

促成目标：

能理解 SVM 线性可分与非线性可分基本知识。

能理解硬间隔和软间隔的基本概念。

能理解核函数的基本知识。

掌握 GridSearchCV 技术应用。

能应用 Python 编程实现 SVM 鸢尾花分类。

能应用 Python 编程实现识别手写数字。

能应用 Python 编程实现 SVM 不均衡数据分类。

任务6.1 知识准备

任务目标

能理解支持向量机的核心思想。

能应用 Python 实现支持向量机编程。

任务分析

支持向量机基本知识→ Python 程序编写→ GridSearchCV 优选超参数

任务分解

本任务共设定 5 个子任务，分 5 大步骤完成。

第 1 步：理解支持向量机工作基本原理。

第 2 步：理解线性可分与线性不可分基本概念，并能应用 Python 进行编程。

第 3 步：理解二分类问题，并能应用 Python 进行编程。

第 4 步：理解硬间隔与软间隔的基本概念，并能应用 Python 进行编程。

第 5 步：理解 GridSearchCV 对分类结果的影响，并能应用 Python 实现其选择最佳的参数值的程序实现。

6.1.1 基本原理

SVM 是面向数据的分类算法，其基本思想就是在训练数据集样本空间中确定一个分类超平面，将不同类别的样本分开。在二维空间中，超平面表现为线的形式，如图 6-1 描述了二维空间中存在两组样本○和★，在图 6-1（a）中可寻找多个超平面将两组样本分开，理想的状态是寻找众多超平面中鲁棒性（即泛化能力）尽量好的超平面来描述；在图 6-1（b）中引入支持向量与间隔（margin）的知识，通过支持向量确定决策边界，如图 6-1（b）中的两条虚线，样本离决策边界越远，其最后的预测结果也就越可信，间隔尽可能地大，以便提高模型的泛化能力。所以说，在 SVM 模型中，支持向量的确定是非常重要的因素。

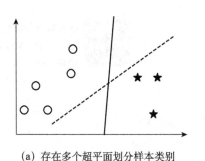 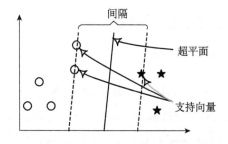

（a）存在多个超平面划分样本类别　　　（b）支持向量与间隔确定超平面划分样本类别

图 6-1　支持向量机

6.1.2　线性可分与线性不可分

在图 6-1 中展示的样本是线性可分的情况，此时 SVM 模型可通过线性分类器训练数据，确定一个划分超平面将训练样本正确分类。然而在现实任务中，原始样本空间可能会存在通过线性可分知识确定的超平面不能正确划分类别的情况，即线性不可分，此时，可使用核解决不可分问题。

【例 6-1】线性可分与线性不可分案例。

样本存于文件 6.1test.data 中，以逗号"，"分隔成 3 列，前两列是样本数据，第 3 列按 0、1 分为两类，具体如下。

```
5.1,3.5,0
4.9,3.0,0
4.7,3.2,0
4.6,3.1,0
5.0,3.6,0
7.0,3.2,1
```

```
6.4,3.2,1
6.9,3.1,1
5.0,3.8,1
6.5,2.8,1
```

应用 Sklearn 工具中的 svm 包实现 SVM 线性可分与线性不可分情况下的实现过程。

1. 建立 SVM 模型

参考代码如下。

线性可分与线性不可分 – 建立 SVM 模型讲解视频

```
from sklearn import svm
from sklearn.metrics import accuracy_score
def svmModel(x, y, param):
    svmmodel = svm.SVC(C=param[1], kernel=param[0])
    if param[0] == 'rbf':
        svmmodel.gamma = param[2]
        title = '高斯核, C=%.1f, $\gamma$ =%.1f' % (param[1],
    param[2])
    else:
        title = '线性核, C=%.1f' % param[1]
    svmmodel.fit(x, y)
    y_predict = svmmodel.predict(x)
    accuracyscore=accuracy_score(y, y_predict)
    #print(' 准确率: ', accuracy_score(y, y_predict))
    return svmmodel,title,accuracyscore
```

2. 读取数据, 应用 SVM 模型

参考代码如下。

线性可分与线性不可分 – 读取数据应用 SVM 模型讲解视频

```
import pandas as pd
if __name__ == "__main__":
    path = '..\\6.1test.data'   # 数据文件路径
```

```
      data = pd.read_csv(path, header=None)
      x = data[list(range(2))]   # X取前两列，所有数据百分百分类
      y = data[2]
      # 调用 SVM 分类器
       svmmodel_param = (('linear', 0.1), ('rbf', 1, 0.1),
   ('rbf', 5, 10))
      for i, param in enumerate(svmmodel_param):
           svmmodel,title,accuracyscore = svmModel(x, y, param)
           y_predict = svmmodel.predict(x)
           # 模型评估
           print(' 应用 SVM 模型：',svmmodel)
           print(title)
           print(' 准确率：', accuracyscore)
```

运行结果：

```
线性核，C=0.1
准确率：0.9
高斯核，C=1.0, $\gamma$ =0.1
准确率：0.9
高斯核，C=5.0, $\gamma$ =10.0
准确率：1.0
```

　　运行结果中展示了 3 种 SVM 模型运行的主要设置参数对应的分类结果的准确率。其中，应用线性核，当 C 参数设置为 0.1 时，准确率为 0.9；应用高斯核，当 C 参数设置为 1.0、gamma（γ 参数）设置为 0.1 时，准确率为 0.9，相应把参数调整到 5.0 和 10.0 时，准确率达到 1.0。

　　为了能更好地表达，可将 SVM 运行结果用图形表示出来，参考代码如下。

 线性可分与线性不可分 – 数据可视化展示讲解视频

```
import matplotlib as mpl
import matplotlib.colors
```

```python
import matplotlib.pyplot as plt
# 画图
def svmplot(x, y, svmmodel_param):
    # 分类器
    svmmodel_param = (('linear', 0.1), ('rbf', 1, 0.1), ('rbf', 5, 10))
    x1_min, x2_min = np.min(x, axis=0)
    x1_max, x2_max = np.max(x, axis=0)
    x1, x2 = np.mgrid[x1_min:x1_max:200j, x2_min:x2_max:200j]
    grid_test = np.stack((x1.flat, x2.flat), axis=1)
    cm_light = mpl.colors.ListedColormap(['#F2F2C2', '#E00E00'])
    cm_dark = mpl.colors.ListedColormap(['#FFFFFF', '#000000'])
  #'lightgreen', 'gray', 'cyan'
    mpl.rcParams['font.sans-serif'] = ['SimHei']
    mpl.rcParams['axes.unicode_minus'] = False
    plt.figure(figsize=(5, 2), facecolor='w')
    for i, param in enumerate(svmmodel_param):
        svmmodel,title,accuracyscore = svmModel(x, y, param)
        # 画小图
        svmsubplot(i,title,svmmodel, grid_test, x1, x2, cm_
        light, cm_dark, x1_min, x1_max, x2_min, x2_max)
    plt.tight_layout(1.4)
    plt.subplots_adjust(top=0.92)
    plt.xlabel("xlable",fontsize=8)
    plt.show()


# 画子图
def svmsubplot(i,title, svmmodel, grid_test, x1, x2, cm_light,
cm_dark, x1_min, x1_max, x2_min, x2_max):
    plt.subplot(1, 3, i + 1)
    grid_hat = svmmodel.predict(grid_test)   # 预测分类值
```

```
    grid_hat = grid_hat.reshape(x1.shape)  # 使之与输入的形状相同
    plt.pcolormesh(x1, x2, grid_hat, cmap=cm_light, alpha=0.8)
    # 加颜色样式
    plt.scatter(x[0], x[1], c=y, edgecolors='k', s=40, cmap=cm_
    dark)  # 样本的显示
    plt.xlim(x1_min, x1_max)
    plt.ylim(x2_min, x2_max)
    plt.title(title, fontsize=8)
```

在主函数中编写调用画图的语句：

```
if __name__ == "__main__":
    # 画图
    svmplot(x, y, svmmodel_param)
```

运行结果如图 6-2 所示。

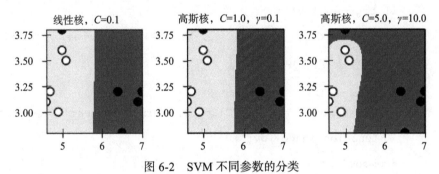

图 6-2 SVM 不同参数的分类

图 6-2 展示了核函数不能很好分类时，可以在一定程度上解决这个问题，它将原始样本空间映射到更高维的特征空间，在高维的特征空间找到合适的超平面，完成分类功能。本例应用了 Sklearn 工具中自带的高斯核进行展示，除此之外，SVM 核函数还包括很多其他可用的核函数，如线性核函数、多项式核函数、径向基核函数、高斯核函数、幂指数核函数、拉普拉斯核函数、ANOVA 核函数、二次有理核函数、多元二次核函数、逆多元二次核函数及 Sigmoid 核函数等。

核函数的本质是两个函数的内积，而这个函数在 SVM 中可以表示为对于输入值的高维映射，所以能解决非线性分类的问题。但是，在进行核函数选择时，建议从线性核开始，在特征很多的情况下如果线性核可以解决问题，就不建议选择高斯核，应该从易到难选择模型。

6.1.3 二分类实现

Sklearn 工具下的 SVC 可以支持多分类的问题，下面应用鸢尾花数据，通过 SVM 建模，体会其二分类的问题。

【例 6-2】鸢尾花 SVM 线性可分与线性不可分的二分类实现。

1. 建立模型

参考代码如下。

二分类实现－建立 **SVM 模型讲解视频**

```
from sklearn import svm
from sklearn.metrics import accuracy_score
def svmModel(x_train, x_test, y_train, y_test, type):
    # 分类器
    if type == 'rbf':
        svmmodel = svm.SVC(C=15, kernel='rbf', gamma=10, decision_
    function_shape='ovr')
    else:
        svmmodel = svm.SVC(C=0.1, kernel='linear', decision_
    function_shape='ovr')
    svmmodel.fit(x_train, y_train.ravel())
    print('SVM 模型: ', svmmodel)
    # 模型评估
    train_accscore=svmmodel.score(x_train, y_train) # 训练集准确率
    test_accscore=svmmodel.score(x_test, y_test) # 测试集准确率
    n_support_numbers=svmmodel.n_support_
    return  svmmodel,train_accscore,test_accscore,n_support_
numbers
```

2. 读取数据，应用模型

参考代码如下。

二分类实现－读取数据并掉用 **SVM 模型**函数讲解视频

```
import pandas as pd
from sklearn.model_selection import train_test_split
if __name__ == "__main__":
    iris_feature = '花萼长度', '花萼宽度', '花瓣长度', '花瓣宽度'
    path = 'iris.data'   # 数据文件路径
    data = pd.read_csv(path, header=None)
    x, y = data[[0, 1]], pd.Categorical(data[4]).codes
    x_train, x_test, y_train, y_test = train_test_split(x, y,
random_state=3, train_size=0.6)
    #type='rbf'  # 基于高斯核建模
    type='linear' # 基于线性核建模
     svmmodel,train_accscore,test_accscore,n_support_
numbers=svmModel(x_train,x_test,y_train,y_test,type)
    print('训练集准确率：', train_accscore)
    print('测试集准确率：', test_accscore)
    print('支持向量的数目：', n_support_numbers)
```

线性核运行结果：

训练集准确率：0.8444444444444444

测试集准确率：0.75

支持向量的数目：[22 30 26]

高斯核运行结果：

训练集准确率：0.9

测试集准确率：0.7666666666666667

支持向量的数目：[14 25 25]

在建立模型时，由于数据量少，所以数据按六四拆分，从运行结果中可以看到，每种分类支持向量数 **二分类实现－数据可 视化展示讲解视频** 目少于原样本数量很多，SVM 算法主要按支持向量进行分类。可模仿 6.1.2 节可视化分类的做法，对二分类进行可视化编程，其运行结果如图 6-3 所示。

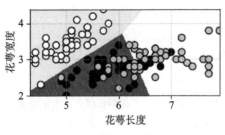
（a）线性核二分类

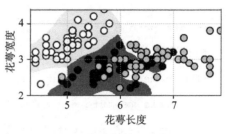
（b）高斯核二分类

图 6-3　SVM 鸢尾花特征二分类

图 6-3 充分展示了在分类时，无法做到百分之百的正确分类，此时，可通过设置软间隔来实现 SVM 模型的分类过程。

6.1.4　硬间隔与软间隔

在 6.1.2 节分类的案例中，总能找到一个超平面将所有样本正确划分到两个类，即硬间隔。但在 6.1.3 节分类的案例中，图 6-3 展示了分类的不完整性，选用鸢尾花数据中的花萼长度与宽度作为度量特征进行三分类（Iris-setosa、Iris-versicolor 和 Iris-virginica 类），数据展示了很强的分类特征表现，但无论怎么做，类别与类别的交界处总有几个样本不可分。如果事先允许在少量样本错分的情况下再进行拆分，这就是软间隔的思想。如果在建模时，使不满足条件的样本点尽量少，即最大化软间隔，则是模型设定时追求的目标。

【例 6-3】对鸢尾花的"花瓣长度""花瓣宽度"两个特征进行"Iris-versicolor""Iris-virginica"分类的 SVM 实现。

1. 建立模型

硬间隔与软间隔 – 建立 SVM 模型讲解视频

分别应用线性核和高斯核进行建模，参见例 6-1 中的 svmModel 方法。

2. 读取数据，调用 SVM 模型，实现建模过程

硬间隔与软间隔 – 读取数据调用 SVM 模型讲解视频

参考代码如下。

```
import pandas as pd

if __name__ == "__main__":
    path = '..\\iris.data'  # 数据文件路径
```

```
data = pd.read_csv(path, header=None)
x = data[list(range(2, 4))]  # '花瓣长度', '花瓣宽度'
y = data[4].replace(['Iris-versicolor', 'Iris-virginica'],
[0, 1])  # 将分类文本用 0 和 1 替代


# 分类器
svmmodel_param = (('linear', 0.1), ('rbf', 1, 0.1),('rbf',
5,5), ('rbf', 10, 10))
for i, param in enumerate(svmmodel_param):
        svmmodel,title,accuracyscore = svmModel(x, y, param)
        y_predict = svmmodel.predict(x)
        # 模型评估
        #print('应用 SVM 模型: ',svmmodel)
        print(title)
        print('准确率: ', accuracyscore)
        print('支持向量的数目: ', svmmodel.n_support_)
```

运行结果：

```
线性核，C=0.1
准确率: 0.95
支持向量的数目: [25 25]
高斯核，C=1.0,$\gamma$ =0.1
准确率: 0.93
支持向量的数目: [20 20]
高斯核，C=5.0,$\gamma$ =5.0
准确率: 0.96
支持向量的数目: [14 19]
高斯核，C=10.0,$\gamma$ =10.0
准确率: 0.99
支持向量的数目: [14 27]
```

运行结果表明，当高斯核的参数 C 和 γ 取值越大时，其准确率越高，这里需要注意过拟合问题。C 参数是训练样本正确分类与决策边界最大化之间的权衡，较大的 C 值，决定了支持向量的决策函数可以更好地正确分类所有训练点，可以接受较小的余量。较小的 C 值会鼓励更大的余量，因此决策功能更简单，但会牺牲训练的准确性。换句话说，C 在 SVM 中充当正则化参数。γ 参数定义单个训练示例的影响达到的程度，低值表示间隔"远"，高值表示间隔"接近"。γ 参数可以看作模型选择的样本作为支持向量的影响半径的倒数。

硬间隔与软间隔－图形可视化讲解视频

3. 结果可视化

可视化功能参见例 6-1 中的 svmModel 和 svmsubplot 方法。其中 svmsubplot 方法需要增加如下内容，以便展示决策边界的内容。

```
plt.scatter(x[2], x[3], c=y, edgecolors='k', s=40, cmap=cm_dark)  # 样本的显示
    plt.scatter(x.loc[svmmodel.support_, 2], x.loc[svmmodel.
  support_, 3], edgecolors='k', facecolors='none', s=100, marker='o')
  # 支持向量
    z = svmmodel.decision_function(grid_test)
    z = z.reshape(x1.shape)
    plt.contour(x1, x2, z, colors=list('kbrbk'), linestyles=['--',
'--', '-', '--', '--'],
                linewidths=[1, 0.5, 1.5, 0.5, 1], levels=[-1,
                -0.5, 0, 0.5, 1])
```

运行结果如图 6-4 所示。

当训练数据近似线性可分时，通过软间隔最大化，也学习一个线性的分类器，即线性支持向量机，又称软间隔支持向量机；当训练数据线性不可分时，通过使用核技巧及软间隔最大化，学习非线性支持向量机。SVM 的目标是找到使得训练数据尽可能分开且分类间隔最大的超平面，即使结构风险最小化。

6.1.5 应用GridSearchCV自动优选超参数

当用高斯核训练 SVM 时，经过前面的学习，发现当参数 C 和 γ 取值不同时，

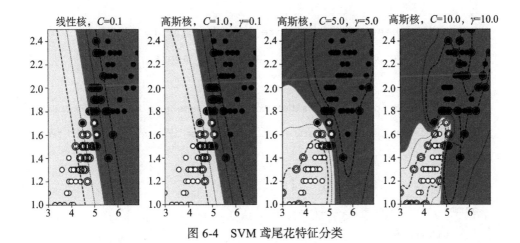

图 6-4　SVM 鸢尾花特征分类

会带来不同的体验效果，这也是该模型重点要考虑的两个参数。参数 C 应用在所有 SVM 内核，与决策表面的简单性相抗衡，可以对训练样本的误分类进行有价转换。较小的 C 值会使决策表面更平滑，同时较高的 C 值旨在正确地分类所有训练样本。γ 的定义会影响样本分布，γ 值越大，支持向量越少，γ 值越小，支持向量越多，支持向量的个数影响训练与预测的速度。选择合适的 C 和 γ 值，可对 SVM 的性能起到很关键的作用，不恰当的选择会出现欠拟合与过拟合的现象。本节将介绍一种自动选择超参数的方法，即应用 Sklearn 工具 model_selection 包下的 GridSearchCV 查找一定范围内 C 和 γ 值对分类结果的影响，以便选择最佳的参数值。

参考 Sklearn 官方示例代码，基于鸢尾花数据，应用 GridSearchCV 方法寻找最优 SVM 模型的核心代码如下。

```python
from sklearn.svm import SVC
from sklearn.model_selection import GridSearchCV
C_range = np.logspace(-2, 10, 13)
gamma_range = np.logspace(-9, 3, 13)
param_grid = dict(gamma=gamma_range, C=C_range)
cv = StratifiedShuffleSplit(n_splits=5, test_size=0.2, random_state=42)
grid = GridSearchCV(SVC(), param_grid=param_grid, cv=cv)
grid.fit(X, y)
```

```
print("The best parameters are %s with a score of %0.2f"
        % (grid.best_params_, grid.best_score_))


# Now we need to fit a classifier for all parameters in the 2d version
# (we use a smaller set of parameters here because it takes a while to train)


C_2d_range = [1e-2, 1, 1e2]
gamma_2d_range = [1e-1, 1, 1e1]
classifiers = []
for C in C_2d_range:
        for gamma in gamma_2d_range:
                clf = SVC(C=C, gamma=gamma)
                clf.fit(X_2d, y_2d)
                classifiers.append((C, gamma, clf))
```

执行程序，图 6-5 中描述了简化分类问题上各种参数值的决策函数的可视化情况，该分类问题仅涉及两个输入要素和两个可能的目标类别。

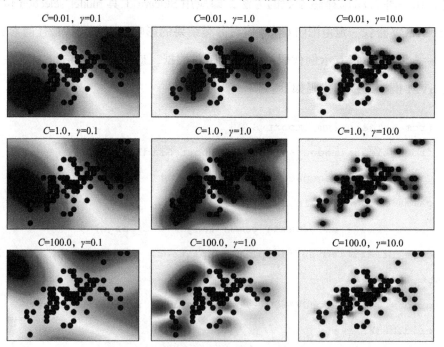

图 6-5　各种参数下 SVM 鸢尾花分类

执行程序后生成的图6-6是分类器交叉验证准确性的热图，针对不同的 C 和 γ，给出对应的准确性。运行中，为了说明目的，其实我们探索了一个相对较大的网格，如果最佳参数位于网格的边界上，则可以在后续搜索中沿该方向扩展。

训练模型时，它对 C 和 γ 参数非常敏感，γ 太大，则支持向量影响区域的半径仅包括支持向量本身，而用 C 进行的正则化将无法防止过度拟合。

当 γ 非常小时，该模型将过于约束而无法捕捉到更细致的数据分类规律的复杂性和更好地获取数据的"形状"。任何选择的支持向量影响区域将包括整个训练集。所得模型的行为将类似于带有一组超平面的线性模型，该超平面将两个类别的任何一对高密度中心分开。

对于中间值，在图6-6中看到，可以在 C 和 γ 的对角线上找到好的模型。通过提高每个点正确分类的重要性（相对较大的 C 值），可以使平滑模型（相对较小的 γ 值）变得更复杂，从而表现出良好的分类模型求解的分类边界的对角线。

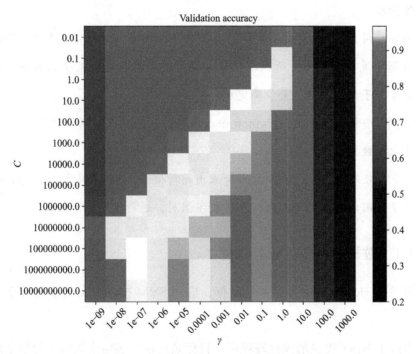

图6-6　SVM分类器交叉验证准确性的热图

最后，还可以观察到，对于 γ 的某些中间值，当 C 变得非常大时，得到的模型性能均相同，不必通过强制较大的余量来进行正则化，仅高斯内核的半径就可以充当良好的结构调整器。在实践中，尽管可能更有趣的是使用较小的 C 值简化决策函数，以支持使用较少的内存且预测速度更快的模型。

该程序运行的最终结论：

```
The best parameters are {'C': 1.0, 'gamma': 0.1} with a score of 0.97
```

即 C 设置为 1.0 和 γ 设置为 0.1 是推荐的参数，此时，当前业务的准确率能达到 0.97。

任务6.2   基于SVM手写数字识别技术

任务目标

能正确应用 Sklearn 工具实现手写数字 SVM 识别建模。

任务分析

业务理解→数据处理→调参→ Sklearn 下手写数字识别编程

任务分解

本任务应用 SVM 技术对手写数字进行 0~9 的分类，以此完成手写数字的识别技术。数据中没有空值项，所以在进行建模时，不需要进行空值的检查。故本任务共设定 4 个子任务，分 4 大步骤完成。

第 1 步：准备数据：使用 Python 导入手写的训练数据和测试数据。

第 2 步：数据可视化分析。

第 3 步：应用 GridSearchCV 技术，采用高斯核进行 SVM 训练，寻找最优参数。

第 4 步：用训练好的模型进行手写数字识别，进行模型性能分析。

6.2.1   数据的准备与业务分析

本节采用 UCI 开放的手写数字数据，应用 SVM 技术，实现手写数字识别的功能。

数据源于 NIST 提供的预处理程序，目标是从预印表格中提取手写数字的归一化位图。在总共 43 个人中，有 30 个人参与了培训，而有 13 个人参与了测试。将 32×32 位图划分为 4×4 的非重叠块，并在每个块中对打开像素的数量进行计数。

最终，生成 8×8 的输入矩阵，其中每个元素都是 $0\sim16$ 范围内的整数，这降低了尺寸并且恒等产生了小的变形。数据下载地址为 http://archive.ics.uci.edu/ml/datasets/Optical+Recognition+of+Handwritten+Digits，数据集的部分样本如下。

```
0,1,6,15,12,1,0,0,0,7,16,6,6,10,0,0,0,8,16,2,0,11,2,0,0,5,16,3,
0,5,7,0,0,7,13,3,0,8,7,0,0,4,12,0,1,13,5,0,0,0,14,9,15,9,0,0,0,0,
6,14,7,1,0,0,0

0,0,10,16,6,0,0,0,0,7,16,8,16,5,0,0,0,11,16,0,6,14,3,0,0,12,12,
0,0,11,11,0,0,12,12,0,0,8,12,0,0,7,15,1,0,13,11,0,0,0,16,8,10,15,
3,0,0,0,10,16,15,3,0,0,0

0,0,8,15,16,13,0,0,0,1,11,9,11,16,1,0,0,0,0,0,7,14,0,0,0,0,3,4,
14,12,2,0,0,1,16,16,16,16,10,0,0,2,12,16,10,0,0,0,0,2,16,4,0,0,
0,0,0,9,14,0,0,0,0,7

0,0,0,3,11,16,0,0,0,0,5,16,11,13,7,0,0,3,15,8,1,15,6,0,0,11,16,
16,16,16,10,0,0,1,4,4,13,10,2,0,0,0,0,0,15,4,0,0,0,0,0,3,16,0,0,0,
0,0,0,1,15,2,0,0,4

...
```

数字数据采用 8×8 记录，最后一列为数字真实值，以第一行数据为例，说明数据存储的格式。即第 1 行数据的真实值为最后一个值，即 0，前 64 个数，描述了 0 的图片在 8×8 矩阵位置上的颜色值，如表 6-1 所示。

将表 6-1 中大于 6 的数字加黑加大，即将颜色较重的数字加黑加大，其中数字越大，代表手写图片上对应的颜色越深，此时能够用肉眼看到这些加黑加大数字构造出一个 0 的形状。

本节将应用 SVM 技术对这些数据进行 $0\sim9$ 的分类，以此完成手写数字的识别技术。主要过程数据中没有空值项，所以在建模时，不需要进行空值检查。

6.2.2　手写数字图片可视化显示

本任务主要完成对手写训练数据 optdigits.tra 和测试数据 optdigits.tes 的读取，并将读取的数据进行图片的可视化显示。

表 6-1　手写数字为 0 的图片在 8×8 矩阵位置上的颜色值

	1	2	3	4	5	6	7	8
1	0	1	6	15	12	1	0	0
2	0	7	16	6	6	10	0	0
3	0	8	16	2	0	11	2	0
4	0	5	16	3	0	5	7	0
5	0	7	13	3	0	8	7	0
6	0	4	12	0	1	13	5	0
7	0	0	14	9	15	9	0	0
8	0	0	6	14	7	1	0	0

1. 读取数据的核心代码

```python
import numpy as np
data = np.loadtxt('..\\optdigits.tra', dtype=np.float,
delimiter=',')
x, y = np.split(data, (-1, ), axis=1)
images = x.reshape(-1, 8, 8)
y = y.ravel().astype(np.int)
data = np.loadtxt('..\\optdigits.tes', dtype=np.float,
delimiter=',')
x_test, y_test = np.split(data, (-1, ), axis=1)
print(y_test.shape)
images_test = x_test.reshape(-1, 8, 8)
y_test = y_test.ravel().astype(np.int)
```

2. 数据图片可视化的核心代码

```python
import matplotlib.colors
import matplotlib.pyplot as plt
from PIL import Image
matplotlib.rcParams['font.sans-serif'] = ['SimHei']
```

```
matplotlib.rcParams['axes.unicode_minus'] = False

plt.figure(figsize=(15, 9), facecolor='w')

for index, image in enumerate(images[:16]):

    plt.subplot(4, 8, index + 1)

    plt.imshow(image, cmap=plt.cm.gray_r, interpola-
tion='nearest')

    plt.title(' 训练图片：%i' % y[index])

for index, image in enumerate(images_test[:16]):

    plt.subplot(4, 8, index + 17)

    plt.imshow(image, cmap=plt.cm.gray_r, interpola-
tion='nearest')

    save_image(image.copy(), index)

    plt.title(' 测试图片：%i' % y_test[index])

plt.tight_layout()

plt.show()
```

运行结果如图 6-7 所示。

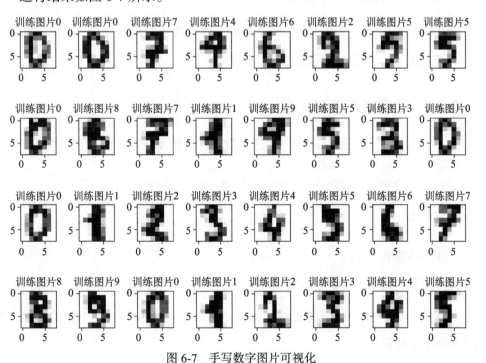

图 6-7　手写数字图片可视化

图 6-7 中展示了手写数字对应的原图片的样式。

6.2.3 应用GridSearchCV寻找高斯核最优参数

应用 GridSearchCV，对手写数字的样本数据进行训练，查找最优参数，其核心代码如下。

```
params = {'C':np.logspace(0, 3, 7), 'gamma':np.logspace(-5, 0, 11)}
    model = GridSearchCV(svm.SVC(kernel='rbf'), param_grid=params, cv=3)
    model.fit(x, y)
    print(" 最好的参数是：%s ，它的精确度：%0.2f" % (model.best_params_, model.best_score_))
```

运行结果：

```
最好的参数是：{'C': 10.0, 'gamma': 0.001} ，它的精确度：0.99
训练 +CV 耗时：11 分 6.733 秒
```

运行结果表明，共计耗时 11 分 6.733 秒，搜索到当 C 设置为 10，γ 设置为 0.001 时，高斯核的 SVM 模型精确度达到了 0.99。

6.2.4 数字识别模型实现

应用 6.2.3 节中 GridSearchCV 优选参数，进行模型设置，参考代码如下。

```
model = svm.SVC(C=10, kernel='rbf', gamma=0.001)
```

运行结果：

```
训练集准确率：1.0
测试集准确率：0.9827490261547023
```

训练集达到百分之百分类正确，测试集准确率约为 0.98。其中分类错误手写图片如图 6-8 所示。

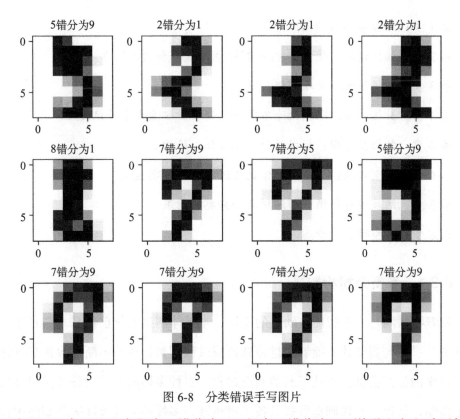

图 6-8 分类错误手写图片

从图 6-8 中可见，有很多 2 错分为 1，很多 7 错分为 9，说明这个人手写数字时，这两个字写得并不标准，从中也能看出一个人手写数字的习惯。

任务6.3 半导体制造过程信息传递判定

任务目标

能正确应用 Sklearn 工具实现不均衡数据 SVM 分类建模。

任务分析

MultinomialNB 理解→数据处理→Sklearn 下邮件 MultinomialNB 分类编程

任务分解

在半导体制造工艺数据集中，存在数据传递成功远远大于传递失败的情况，所以该二分类问题属于数据不均衡的范畴。本任务将应用 SVM 技术针对这样的问题实现不均衡数据二值分类的问题，具体建模过程。

第 1 步：数据准备与解读。

第 2 步：数据读取：使用 Python 获取训练数据和测试数据。

第 3 步：数据清洗：处理空值。

第 4 步：数据特征选取：删除不需要的列、特征主成分降维处理。

第 5 步：数据预处理：数据拆分、标准化、降维。

第 6 步：模型训练：建立半导体制造过程智能分类模型。

第 7 步：结果保存：保存训练模型和分类的结果。

第 8 步：模型性能分析。

6.3.1 准备并解析数据

随着物联网与人工智能自动化的发展，半导体制造系统已经基本实现了制造系统的信息化与智能化，能够通过传感器或过程测量，源源不断地收集半导体制造过程中的生产数据。连续不断的制造过程、多种多样的传感设备及实时高效的数据传输，使得半导体制造数据具备了规模性、多样性和高效性等典型的大数据特征。

面对大量的信号数据，如果将每种类型的信号视为特征，工程师则可以利用这些信号来确定半导体制造过程中各传感器内部线的测试是否完成传递过程，利用机器学习方法对信号进行预分类可以有效地预测传递结果，以增强当前业务技术，提高产品工艺质量。目前这种方法已成为半导体制造过程监测系统的主要发展方向。

本次数据为半导体制造工艺数据集，目标为训练一个可以智能监测半导体制造过程的分类模型，评估传感器内部线测试是否顺利通过（二值分类问题），并在测试数据集上尝试获得最优结果。数据集（具体数据信息详见教材配套代码）由两个文件（train.csv、test.csv）组成，其中训练数据集文件（train.csv）内含 1253 个样本，每个样本包含 591 个特征和 1 个标签（1253×592 矩阵）；测试数据集文件（test.csv）内含 314 个样本，每个样本包含 591 个特征（314×591 矩阵）。分类测试数据文件（labels_test.csv）中包含314个分类标签，其中传递失败（labels为1的数据）记录为20个，传递成功（labels为0的数据）记录为294个。

6.3.2　应用Python读取和探查数据

数据探查是对数据质量的检验，可以快速分析数据中的异常数据，初步了解数据特征。

1. 读取数据

通过Pandas工具完成训练数据集文件train.csv和测试数据集文件test.csv的读取，并将读取的数据打印至控制台。参考代码如下。

```python
import pandas as pd
# 编写读取文件内容的方法
def getDatas(url):
    # 读取数据
    datas = pd.read_csv(url, index_col=0, parse_dates=['timestamp'])
    return datas
```

在主方法中将train.csv和test.csv文件路径传递给getDatas方法，读取对应的数据，并打印。参考代码如下。

```python
if __name__ == "__main__":
    train_url = 'data/train.csv'# 训练数据路径
    test_url = 'data/test.csv'# 测试数据路径
    train=getDatas(train_url)# 读取训练数据
    test = getDatas(test_url)# 读取测试数据
    print(' 训练数据 \n',train.shape)
    print(' 测试数据 \n', test.shape)
```

运行结果：

训练数据

	timestamp	x0	x1	...	x588	x589	labels
415	2008-07-10 11:36:00	2852.18	2573.94	...	0.0124	...	186.4769	0.0
879	2008-08-29 13:49:00	2992.15	2538.05	...	0.0081	...	0.0000	0.0
413	2008-07-10 11:15:00	2981.04	2475.90	...	0.0025	...	71.0842	0.0
58	2008-02-09 01:36:00	2954.46	2449.48	...	0.0040	...	38.7106	0.0
354	2008-06-10 12:39:00	3024.48	2538.13	...	0.0041	...	193.4633	0.0
...	...	...	...	...	...	...	...
1130	2008-09-20 18:03:00	3082.05	2447.43	...	0.0100	...	156.5532	0.0
1294	2008-09-27 12:36:00	3230.20	2476.10	...	0.0035	...	45.3908	0.0
860	2008-08-29 06:37:00	2941.25	2492.81	...	0.0061	...	77.7519	0.0
1459	2008-10-15 09:11:00	3028.34	2499.72	...	0.0027	...	70.2425	0.0
1126	2008-09-20 16:43:00	3024.67	2620.96	...	0.0068	...	103.3520	0.0

[1253 rows x 592 columns]

测试数据

	timestamp	x0	x1	...	x587	x588	x589
548	2008-08-15 09:38:00	2977.98	2384.66	0.0094	...	0.0026	76.4584	
664	2008-08-20 02:13:00	3081.75	2442.26	0.0174	...	0.0054	73.1502	
730	2008-08-21 23:27:00	3083.97	2311.42	0.0071	...	0.0025	127.2483	
405	2008-07-10 08:25:00	3053.36	2538.38	0.0154	...	0.0045	52.2049	
175	2008-03-10 00:55:00	3182.87	2467.44	0.0326	...	0.0108	237.4625	
...	...	...	...	...	...	...	...	
1309	2008-09-28 01:22:00	3031.01	2431.12	0.0096	...	0.0027	33.3147	
1509	2008-11-09 09:24:00	2978.45	2504.94	0.0079	...	0.0030	21.0599	
1189	2008-09-23 00:57:00	2994.06	2548.91	0.0071	...	0.0027	41.6047	
1084	2008-09-19 18:33:00	2973.56	2536.68	0.0078	...	0.0022	27.7601	
208	2008-04-08 17:11:00	3040.63	2547.43	0.0318	...	0.0097	114.7497	

[314 rows x 591 columns]

训练数据中共计 1253 行 592 列，其中最后一列为标签列 labels，值为 1 时表示传递失败，值为 0 时表示传递成功。

测试数据中共计 314 行 591 列，没有标签列，对应的标签结论位于 labels_test.csv 文件中，其参考内容如下。

```
,labels
548      0.0
664      0.0
730      0.0
405      0.0
175      0.0
        ...
1309     0.0
1509     0.0
1189     0.0
1084     0.0
208      0.0
Name: labels, Length: 314, dtype: float64
```

2. 探查数据

（1）探查训练数据信息，代码如下。

```
print(' 探查训练数据信息 \n',train.info())
```

运行结果：

```
探查训练数据信息
<class 'pandas.core.frame.DataFrame'>
Int64Index: 1253 entries, 415 to 1126
Columns: 592 entries, timestamp to labels
dtypes: datetime64[ns](1), float64(591)
memory usage: 5.7 MB
```

（2）探查测试数据信息，代码如下。

```
print(' 探查测试数据信息 \n',test.info())
```

运行结果：

探查测试数据信息

```
<class 'pandas.core.frame.DataFrame'>
Int64Index: 314 entries, 548 to 208
Columns: 591 entries, timestamp to x589
dtypes: datetime64[ns](1), float64(590)
memory usage: 1.4 MB
```

（3）探查训练数据情况，代码如下。

```
print(' 探查训练数据情况 \n',train.describe())
```

运行结果：

探查训练数据情况

	x0	x1	...	x589	labels
count	1248.000000	1247.000000	...	1253.000000	1253.000000
mean	3014.684615	2495.689960	...	99.290373	0.067039
std	74.816650	79.497423	...	95.844276	0.250190
min	2743.240000	2158.750000	...	0.000000	0.000000
25%	2965.670000	2453.645000	...	44.122000	0.000000
50%	3011.630000	2499.350000	...	71.533300	0.000000
75%	3056.970000	2538.650000	...	114.196700	0.000000
max	3356.350000	2839.460000	...	737.304800	1.000000

```
[8 rows x 591 columns]
```

　　探查数据的运行结果给出了数据的基本情况，如文件大小、需要的内存空间及数据分布情况等。例如，训练数据一共是 1253 行，但在用 train.describe() 方法进行统计时，发现每一个特征并不能达到所有的都为 1253 行，如 x0 是 1248 行，说明中间有空值存在，打开 "train.csv" 文件的 221 行，看到 x0 对应的位置是 "，"，表明了两个逗号之间没有任何内容，即空值。

　　（4）探查训练数据和测试数据相关系数矩阵热力图。

　　首先编写实现热力图方法 createHeatmap 的程序，代码如下。

```
import matplotlib.pyplot as plt
import seaborn as sns
def createHeatmap(X):
    # X热力图, 图例中最小、最大显示值在 -1~1 之间
    plt.figure(figsize=(3,2), facecolor='w')
    sns.heatmap(X.corr(), vmax=1, vmin=-1)
    plt.show()
```

然后分别将训练数据和测试数据传递给热力图方法 createHeatmap, 查看热力图结果, 代码如下。

```
# TODO: 数据探查训练数据相关系数矩阵热力图
createHeatmap(train.corr())
# TODO: 数据探查测试数据相关系数矩阵热力图
#createHeatmap(test.corr())
```

运行结果如图 6-9 所示。

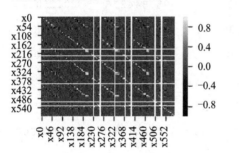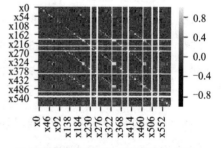

（a）训练数据相关系数矩阵热力图　　（b）测试数据相关系数矩阵热力图

图 6-9　数据相关系数矩阵热力图

图中记录了 x0 ～ x552 共计 553 个特征间的关系, 相关程度参考图中右侧 –0.8 ～ 0.8 的颜色条。

6.3.3　组织需要的数据

在参与模型训练之前, 需要将数据特征选择出来。此外, 还需要对 SVM 分类模型无法处理的空值分类进行数值型转化处理。

1. 建立特征选择的方法

代码如下。

```
def featureSelection(train,test):
 data = pd.concat([train.drop('labels', axis=1), test]).sort_index()
 new_data = pd.DataFrame()
 new_data['count(x)'] = data.count(axis=1)#按行统计 new_data 中非 NAN 的个数
 new_data['sum(x)'] = data.sum(axis=1) # 按行统计和
 new_data['mean(x)'] = data.mean(axis=1) # 按行统计均值
 new_data['mad(x)'] = data.mad(axis=1)#按行根据平均值计算平均绝对离差
 new_data['median(x)'] = data.median(axis=1)#按行统计中位数
 new_data['min(x)'] = data.min(axis=1) # 按行取最小值
 new_data['max(x)'] = data.max(axis=1) # 按行取最大值
 #print('new_datamax(x) ',new_data['max(x)'] )
 new_data['prod(x)'] = data.prod(axis=1)#按行返回不同维度上的乘积
 new_data['std(x)'] = data.std(axis=1) # 按行求每列的标准差
 new_data['var(x)'] = data.var(axis=1)#按行返回无偏误差
 new_data['skew(x)'] = data.skew(axis=1)#按行返回无偏偏度
 new_data['kurt(x)'] = data.kurt(axis=1)#按行返回无偏峰度
 new_data['month(timestamp)'] = data['timestamp'].dt.month # 获
取时间戳中的月份
 new_data['day(timestamp)'] = data['timestamp'].dt.day # 获取时
间戳中的日
 new_data['week(timestamp)'] = data['timestamp'].dt.week # 获取
时间戳中的周
 new_data['weekday(timestamp)'] = data['timestamp'].dt.weekday
# 获取时间戳中的星期几
 new_data['hour(timestamp)'] = data['timestamp'].dt.hour # 获取
时间戳中的小时
 # TODO: 数据处理 -> 删除 timestamp 列,data 对应内存中值被改变
 data.drop('timestamp', axis=1, inplace=True)
```

```
data.fillna(0, inplace=True)  # 将空值设置为 0
# TODO: 数据处理 -> 横向表拼接（行对齐）
features = pd.concat([data, new_data], axis=1)
return features
```

2. 在主方法中编写调用特征选择方法的程序

代码如下。

```
features=featureSelection(train, test)
print(' 特征选择的结果：\n',features)
```

运行结果：

```
特征选择的结果：

          x0        x1    ... weekday(timestamp) hour(timestamp)
0      3016.64   2492.80  ...                  1               2
1      2980.84   2628.76  ...                  1               5
2      2847.81   2461.38  ...                  1              10
3         0.00   2544.52  ...                  1              10
4      2975.64   2508.28  ...                  1              11
        ...       ...  ...                ...             ...
1562   2968.78   2451.53  ...                  2               2
1563   2898.17   2547.65  ...                  2               3
1564   3045.87   2493.72  ...                  2               3
1565   2926.38   2383.76  ...                  2               8
1566   3033.46   2424.39  ...                  2              18
[1567 rows x 607 columns]
```

共生成 1567 行 607 个特征的数据集，数据集中的空值已经被处理为 0 数值。

6.3.4　数据预处理

为了方便 SVM 分类模型的训练与分析，在进行数据预处理之前，将数据集进行拆分。由于本实验拟采用高斯核完成 SVM 分类模型的构建，高斯核应用时所有维度共用一个方差，这也决定了各个特征所带来的不同维度的值需要尽量避免不均匀的情况。然而，由于实验数据值相差较大，分布不够均匀，故需要对数据进行标准化处理，将其限制在指定的范围内。此外，参与数据的特征共计 607 个，增加了模型的复杂性。同时，由图 6-9 可知，特征值间也存在不同程度的相关关系。为此，可应用 PCA（Principal Components Analysis，主成分分析）技术实现指标的降维，在减少分析维度的同时，尽量保持数据的原有信息，把多指标转化为少数几个综合指标参与模型的运算。

1. 建立特征选择的方法

代码如下。

```python
from sklearn.preprocessing import StandardScaler
from sklearn.preprocessing import Normalizer
from sklearn.decomposition import PCA
def dataPreprocessing(train,test):
    # TODO: 数据拆分
    x_train = features.loc[train.index, :]
    x_test = features.loc[test.index, :]
    y_train = train['labels']
    # TODO: 数据标准化
    scaler = StandardScaler()
    normalizer = Normalizer()
    # 先应用 fit_transformer() 对 X_train 进行拟合，找到数据的最大值和最小值
    x_train_scaled = scaler.fit_transform(x_train)
    ## 根据 x_train 集合的最大值和最小值，对 x_test 集合应用 transform
    # 进行归一化
    x_test_scaled = scaler.transform(x_test)
    x_train_normalized = normalizer.fit_transform(x_train_scaled)
    x_test_normalized = normalizer.transform(x_test_scaled)
    # TODO: 数据降维
```

```
pca = PCA(n_components=20, random_state=51592)

x_train_decomposed = pca.fit_transform(x_train_normalized)

x_test_decomposed = pca.transform(x_test_normalized)

return y_train,x_train_decomposed,x_test_decomposed
```

2. 在主方法中编写调用特征选择方法的程序

代码如下。

```
# TODO: 数据预处理 -> 数据拆分、标准化、降维

y_train,x_train_decomposed,x_test_decomposed=dataPreproce
ssing(train, test,features, features)

print('训练数据标准化降维后：\n',x_train_decomposed)

print('测试数据标准化降维后：\n',x_test_decomposed )

print('训练数据维度：',x_train_decomposed.shape,'测试数据维
度：',x_test_decomposed.shape)
```

运行结果：

```
训练数据标准化降维后：

 [[-0.30711041 -0.21436525  0.14188411 ... -0.05766047  0.06800468
-0.08719804]

 [ 0.21693183  0.108971    0.075234   ... -0.13038141  0.12344894
0.02762494]

 [-0.07083463 -0.39814995 -0.00047064 ... -0.00237439 -0.14714086
-0.07760009]

 ...

 [ 0.24172226 -0.08871424  0.08767153 ... -0.05745275  0.08520603
0.0300903 ]

 [-0.35950809 -0.18462052  0.14571614 ... -0.19987152  0.00954016
0.09078333]

 [-0.20477398  0.0734086  -0.29234697 ...  0.04774567  0.2167117
0.07883463]]
```

测试数据标准化降维后：

```
[[ 0.30364922 -0.02148047 -0.2782342  ...  0.08505709  0.00674671
0.00064404]
 [ 0.34875195 -0.02999338 -0.15763872 ...  0.08290102 -0.25949042
0.00878075]
 [ 0.05085898  0.28597538  0.10654979 ...  0.04085281  0.0411839
-0.08696877]
 ...
 [-0.17473078 -0.00582295 -0.15998113 ... -0.04660211  0.15442118
0.11374299]
 [-0.17493135 -0.07525412 -0.12314978 ... -0.080709    0.15769472
-0.11450818]
 [ 0.05165072 -0.03685704  0.11739801 ...  0.2777679   0.1677043
0.19647674]]
```

训练数据维度：(1253, 20) 测试数据维度：(314, 20)

运行结果表明，已经将要参与 SVM 分类模型的数据标准化至 –1 ～ 1 的范围，原来参与计算的 607 个特征映射至 20 个特征。

6.3.5 建立半导体制造过程智能分类模型

由于半导体制造的数据分布更倾向于线性不可分情况，故采用高斯核进行建模。此外，由于数据是否传递成功两种情况比例偏颇较大，出现了数据分类不均衡的问题，故在建模时，需要进行数据的加权处理。

1. 建立 SVM 分类模型进行训练和预测

代码如下。

```
from sklearn import svm
def createModel(y_train,x_train_decomposed,x_test_decomposed):
    model = svm.SVC(C=0.2, kernel='rbf', gamma=3, class_weight={0:
  1, 1: 15})
    model.fit(x_train_decomposed, y_train)
```

```
        y_pred = model.predict(x_test_decomposed)
        return model,y_pred
```

2. 在主方法中编写调用特征选择方法的程序

代码如下。

```
model,y_pred=createModel(y_train, x_train_decomposed, x_
test_decomposed)
print('半导体制造过程智能SVM分类模型：\n',model)
print('半导体制造过程智能SVM分类结果：\n', y_pred)
```

运行结果：

```
半导体制造过程智能SVM分类模型：
  SVC(C=0.2, cache_size=200, class_weight={0: 1, 1: 15}, coef0=0.0,
decision_function_shape='ovr',
    degree=3, gamma=3, kernel='rbf', max_iter=-1, probability=False,
random_state=None,
    shrinking=True,  tol=0.001, verbose=False)
半导体制造过程智能SVM分类结果：
  [1. 0. 0. 0. 0. 0. 1. 0. 1. 1. 0. 0. 1. 0. 0. 1. 0. 0. 1. 1. 0.
0. 0. 0. 0. 0. 1. 0. 0. 1. 0. 1. 0. 0. 1. 0. 1. 0. 0. 0. 1. 0. 0. 0.
0. 0. 0. 0. 0. 0. 1. 0. 0. 1. 1. 0. 1. 0. 0. 0. 1.
0. 1. 0. 0. 0. 1. 0. 1. 0. 1. 0. 1. 0. 1. 0. 1. 0. 1. 0. 1.
1. 0. 1. 1. 0. 1. 0. 0. 0. 1. 0. 1. 1. 0. 0. 0. 1. 1. 0. 0. 1. 0.
0. 0. 0. 0. 1. 0. 0. 0. 1. 0. 0. 0. 1. 0. 1. 0. 0. 0.
0. 0. 1. 0. 0. 0. 0. 0. 1. 0. 1. 0. 1. 0. 1. 0.
0. 1. 0. 0. 1. 1. 1. 1. 0. 1. 0. 0. 0. 1. 0. 1. 0. 0. 1. 0. 0. 1.
1. 0. 1. 0. 0. 0. 1. 0. 0. 1. 0. 0. 0. 1. 0. 1. 0. 0.
1. 0. 0. 0. 0. 0. 0. 0. 0. 0. 0. 0. 1. 0. 0. 0. 0.
1. 0. 1. 1. 1. 1. 0. 0. 1. 0. 0. 0. 0. 0. 1. 0. 0. 1. 1. 0.
0. 0. 0. 0. 0. 0. 1. 1. 0. 0. 1. 0. 1. 0. 0. 1. 1. 0. 0. 0. 0.
0. 0. 0. 0. 0. 0. 1. 0. 0. 0. 0. 0. 0. 1. 1. 0.
0. 1. 1. 1. 0. 0. 0. 0. 1. 0. 0. 0. 1. 0. 0. 0. 1.]
```

6.3.6　保存训练模型和分类的结果

对预测的结果进行保存，此步在模型训练过程中不是必要的，如果数据量不大，可以直接由变量存储至内存，参与下一步的运算。本任务只是为了做数据保存的功能展示。

1. 编写保存结果方法 saveResult 的程序

代码如下。

```
import joblib
def saveResult(y_pred,model):
    np.savetxt('predict.csv', y_pred)
    joblib.dump(model, 'model.joblib')
```

2. 在主方法中编写调用方法 saveResult 的程序

代码如下。

```
saveResult(y_pred, model)
```

运行程序，会在当前程序的根目录下看到 predict.csv 和 model.joblib 文件，其中 predict.csv 保存分类结果，model.joblib 保存半导体制造过程数据传递成功与否的模型信息。

6.3.7　模型性能分析

应用 AUC 值（AUC 的描述详见 3.3.3 节）和所有预测分类与实际分类情况的准确率来对模型进行评估。

1. 编写模型评估方法 saveResult 的程序

代码如下。

```
from sklearn import metrics
def modelEvaluation(y_test,y_pred):
    roc_auc_score = metrics.roc_auc_score(y_test, y_pred) # AUC 值
    result = (y_pred == y_test)   # True 则预测正确，False 则预测错误
    modelScore=np.mean(result)    # 所有数据集中分类准确率
```

```
        return roc_auc_score,modelScore
```

2. 在主方法中编写调用方法 saveResult 的程序

代码如下。

```
    y_test = pd.read_csv('data/labels_test.csv', squeeze=True,
index_col=0)
    y_pred = np.genfromtxt('predict.csv')
    roc_auc_score,modelScore=modelEvaluation(y_test, y_pred)
    print('AUC值: ',roc_auc_score,' 分类结果与实际分类的准确率:
',modelScore)
```

运行结果:

```
    AUC值: 0.748639455782313 分类结果与实际分类的准确率: 0.7038216560509554
```

6.3.8 模型性能可视化分析

为了更好地表达半导体制造过程中信息传递成功与否,可将预测的分类结果进行可视化显示。

1. 编写模型分类结果可视化方法 snsPlot 的程序

代码如下。

```
import matplotlib.pyplot as plt
import seaborn as sns
def snsPlot(y_test,y_pred):
    # 用 confusion_matrix 生成矩阵数据,然后用 seaborn 的热度图绘制出
    混淆矩阵数据
    cm = metrics.confusion_matrix(y_test, y_pred)
    classes = list(set(y_test))
    print('cm:',cm)
    plt.figure(figsize=(5,3.5), facecolor='w')
    fig, ax = plt.subplots()
```

```
    im = ax.imshow(cm, interpolation='nearest', cmap=plt.
cm.Blues)
    ax.figure.colorbar(im, ax=ax)
    ax.set(xticks=np.arange(cm.shape[1]),
            yticks=np.arange(cm.shape[0]),
            xticklabels=classes, yticklabels=classes,
            ylabel='True label',
            xlabel='Predicted label')
    plt.setp(ax.get_xticklabels(), rotation=45, ha='right',
rotation_mode='anchor')
    thresh = cm.max() / 2.
    for i in range(cm.shape[0]):
            for j in range(cm.shape[1]):
                    ax.text(j, i, format(cm[i, j]),
                            ha='center', va='center',
                            color='white' if cm[i, j] > thresh
                            else 'black')
    fig.tight_layout()
    plt.show()
```

2. 在主方法中编写调用方法 saveResult 的程序

代码如下。

```
    snsPlot(y_test, y_pred)
```

运行结果如图 6-10 所示。

图 6-10 中展示了半导体制造过程中信息传递成功与否二分类的结果，传递成功的 294 条信息中，有 105 条分类正确，89 条被分到了传递失败的信息中，占比 89/294，约为 30%。传递失败的 20 条数据中，4 条被分到了传递成功的信息中，占比 4/20，结果为 20%。

针对建立的 SVM 模型：

```
svm.SVC(C=0.2, kernel='rbf', gamma=3, class_weight={0: 1, 1: 15})
```

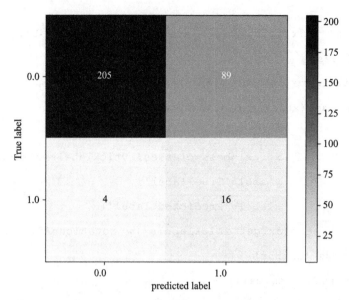

图 6-10　半导体制造过程中信息传递成功与否预测结果二分类（1）

　　如果实际生产更倾向于传递失败的准确率分析，可将权重中15调整得更大些，同时，γ 和 C 的结果也直接影响二分类的情况。如果采用 SVM 默认模型：

```
svm.SVC()
```

会出现二分类中数据量大的传递成功的信息全部分配正确，而传递失败的信息全部分配错误的情况，如图 6-11 所示。

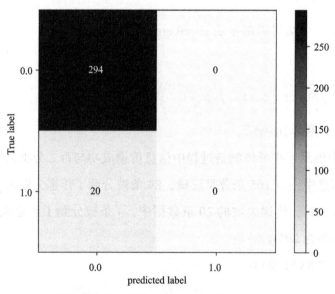

图 6-11　半导体制造过程中信息传递成功与否预测结果二分类（2）

模型的性能结果：

AUC 值：0.5 分类结果与实际分类的准确率：0.9363057324840764

AUC 为 0.5，准确率虽然达到约 0.936，但其实这是一个无意义的分类，因为传递失败的情况被忽视了。

6.5 项目复盘

在任务 6.1 中，主要介绍 SVM 的基本原理，并结合非常简单的案例描述线性可分与线性不可分时 SVM 的处理过程。结合鸢尾花数据应用 SVM 理论，描述软间隔与硬间隔的知识，然后专门讨论了应用 GridSearchCV 自动优选超参数的过程。

在任务 6.2 中，使用 UCI 开放的手写数字数据，应用 SVM 模型和 GridSearchCV 技术，建立手写数字识别模型，完成手写数字辨别的功能。

在任务 6.3 中，应用半导体制造过程数据，针对信息传递成功与否进行了 SVM 的二分类分析。由于数据出现不均匀分布、特征过多、分类标准数量严重不均衡现象，故在建模之前进行了数据标准化、特征降维的处理，在建模时进行了权重分配，最终达到较理想的结果。

6.6 实操练习

1. 描述 SVM 工作基本原理。

2. 理解线性可分与线性不可分的概念，并完成例 6-1 和例 6-2 的 Python 编程。

3. 理解硬间隔与软间隔的概念，并完成例 6-3 的 Python 编程。

4. 理解应用 GridSearchCV 自动优选超参数基本知识。

5. 完成任务 6.3 手写数字识别的 Python 编程。

6. 完成任务 6.4 半导体制造过程信息传递判定的 Python 编程。

参考答案

项目 7
个体学习与集成学习

集成学习的目标是把多个弱监督模型的预测结果相结合，构建集成学习模型，以期得到一个更好、更全面的强监督模型。常见的集成学习方法有 Bagging、Boosting 及 Stacking。其中，Bagging 方法的原理是构建 N 个独立的个体学习模型，最后的预测结果利用 N 个模型的输出得到；Boosting 方法中的个体学习模型是依次构建的，并且每一个学习模型都尝试去减小组合学习模型的偏差。

任务列表

任务名称	任务描述
任务 7.1 知识准备	个体学习、集成学习、Bagging、Boosting
任务 7.2 基于 kNN 学习器 Bagging 应用	Bagging 基本知识、Python 莺尾花 Bagging 分类编程
任务 7.3 随机森林回归与分类	随机森林基本知识、Python 随机森林回归与分类应用编程
任务 7.4 Boosting 应用	Boosting 基本知识、Python 实现 Adaboost 莺尾花分类建模、Python 实现 XGBoost 葡萄酒分类建模

学习目标

最终目标：

能正确应用集成学习知识进行建模。

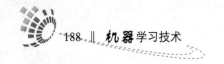

促成目标：

能理解集成学习的基本概念。

能理解并应用 Bagging 知识。

能理解并应用随机森林知识。

能理解并应用 Boosting 知识。

任务7.1 知识准备

任务目标

相对个体学习模型理解集成学习的知识。

任务分析

个体学习→集成学习

任务分解

本任务主要完成集成学习基本知识的理解，并举例描述常见的集成学习方法 Bagging、Boosting。

个体学习模型通常单纯地指对数据进行训练的现有学习算法，如对鸢尾花进行分类的 Gini 决策树算法。集成学习是指依据一定策略，将多个个体学习模型结合在一起，使模型能更好地具有学习能力或鲁棒性。例如，对于一个支持多分类，每次分类都将上一次分错的数据权重提高一点再进行分类以便达到预期分类结果的弱分类器来讲，可以考虑将能实现这种分类的多个弱分类器结合，达到一个强分类器的效果，实现集成学习的目的。

集成学习单个模型之间的期望有低相关性，可以在一定程度上提升多个学习模型的泛化能力，尽量学习到与预测结果更近似的结果。常见的集成学习方法有 Bagging、Boosting 及 Stacking。

Bagging 方法用来构建多个独立的个体学习器，然后取它们预测结果的平均值。一般来说，组合后的学习器会比个体学习器能力更强，如随机森林（Random Forest，RF）就属于 Bagging。

Boosting 方法中应用的所有个体学习模型是依次构建的,每一个个体学习模型都尝试减小结合后学习模型的偏差,这样做的主要目的是结合多个弱学习器,使集成的模型更加强大,如 AdaBoost、XGBoost 树等。

任务7.2 基于kNN学习器Bagging应用

任务目标

理解并能应用 Python 实现 Bagging 建模过程。

任务分析

Bagging 基本知识 → kNN 学习器应用 Bagging → Python 实现莺尾花分类

任务分解

本任务共设定 2 个子任务,分 2 大步骤完成。

第 1 步:理解 Bagging 基本知识。

第 2 步:能应用 Python 实现基于 kNN 学习器 Bagging 莺尾花分类编程。

7.2.1 Bagging基本知识

集成学习的单个模型之间期望尽可能相互独立,即尽量低关联,而实际数据很难做到这一点。Bagging 分类器通过抽样的方法建立若干个不尽相同的子集,每个子集通过指定的个人学习器训练出一个元估计器,把这些元估计器的预测结果结合起来形成最终的预测结果。

Bagging 每次采样的样本在下次采样前都会放回初始数据集中,这样保证了每次采样都是从初始数据集的全样本中随机抽取,每次抽取都会生成一个新的样本集,样本集间会出现重叠的数据描述样本的信息知识。然后每个新的样本集基于指定的个体学习器进行训练,生成一个估计器,并将所有样本的估计器结合起来。例如,Bagging 分类可使用投票法(少数服从多数)估计分类结果,Bagging 回归可应用平均法估计回归的结果。

7.2.2　Python鸢尾花分类编程

在 Sklearn 中，Bagging 方法使用 sklearn.ensemble 包下的 BaggingClassifier 类实现集成功能，引入的程序参考代码如下。

```
from sklearn.ensemble import BaggingClassifier
```

BaggingClassifier 类中包含模型应用的参数设置和集成策略，其中 max_samples 和 max_features 控制着子集的大小（对于样例和特征），bootstrap 和 bootstrap_features 控制着样例和特征的抽取是有放回还是无放回的。

下面将应用 3.3.2 节鸢尾花的数据，构造基于 KNeighborsClassifier 估计器的 Bagging 集成实例，代码如下。

```
import pandas as pd
from sklearn.ensemble import BaggingClassifier
from sklearn.neighbors import KNeighborsClassifier
from sklearn import model_selection
from sklearn.metrics import accuracy_score


def load_data():
    path = '..\\iris.data'  # 数据文件路径
    data = pd.read_csv(path, header=None)
    x= data[list(range(4))]  # X取前 4 列
    # 替换 "TermIndex" 的值, 将字符转为数字
    y = data[4].replace(['Iris-setosa', 'Iris-versicolor',
  'Iris-virginica'], [0,1,2])
    X_train, X_test, y_train, y_test=\
        model_selection.train_test_split(x, y,test_size=0.5,random_
    state=0,stratify=y)
    return X_train, X_test, y_train, y_test


if __name__ == "__main__":
```

```
model = KNeighborsClassifier()
bagging = BaggingClassifier(KNeighborsClassifier(),
                              n_estimators=130, max_samples=
                    0.4, max_features=3,random_state=1)


#max_features=3 每次抽取 3 个特征
X_train, X_test, y_train, y_test = load_data()
print(' 样本行数：',X_train.shape[0])#75 个样本
print(' 训练样本行数：',0.4 * X_train.shape[0]) #0.4*75=30
print(' 测试样本行数：',0.4 * X_test.shape[0])
model.fit(X_train, y_train)
knn_pre = model.predict(X_test)
bagging.fit(X_train, y_train)
bagging_pre = bagging.predict(X_test)
print('kNN 分类准确率：', accuracy_score(y_test, knn_pre))
print(' 基于 kNN 分类器的 Bagging 分类准确率 ', accuracy_score(y_
test, bagging_pre))
```

运行结果：

```
样本行数：75
训练样本行数：30.0
测试样本行数：30.0
kNN 分类准确率：0.96
基于 kNN 分类器的 Bagging 分类准确率 0.9733333333333334
```

该例中，设定了要集成的基估计器的个数为 130，每一个基估计器都建立在 40% 个样本随机子集和 3 个特征随机子集上。Bagging 构建的这 130 个基估计器可并行执行，运行结果表明基于 kNN 分类器的 Bagging 分类对 kNN 模型进行了加强，分类准确率高于 kNN。

Bagging 也可以构建在其他分类器或回归算法上，运算过程中，通过提高其准确率、稳定性，降低结果的方差，可在一定程度上避免过拟合的发生。

任务7.3　随机森林回归与分类

任务目标

理解随机森林回归与分类的应用。

任务分析

随机森林基本知识→随机森林回归应用→随机森林分类应用→Python 编程

任务分解

本任务共设定 3 个子任务，分 3 大步骤完成。

第 1 步：理解随机森林基本知识。

第 2 步：能应用 Python 实现随机森林波士顿房价回归编程。

第 3 步：能应用 Python 实现鸢尾花数据两特征组合分类编程。

7.3.1　随机森林基本知识

随机森林是 Bagging 的一个扩展变体，是以决策树为个体学习器，利用多棵树对样本进行训练并预测的一种集成模型的分类器。集成模型中每棵树构建时的样本都是由训练集经过有放回的抽样获取的。

个体决策树学习器通常具有高方差、容易过拟合的特点，与决策树的深度有关。随机森林集成学习通过有放回的抽样，每次随机抽取一定数量的特征，构建过程的随机性能够产生具有不同预测错误的决策树，通过取这些决策树的平均值，能够消除部分错误，降低方差，通常比决策树拥有更好的学习效果。随机森林在一定程度上抑制了决策树容易过拟合的问题，既可以学习分类问题，又可以学习回归问题。例如，在学习分类时，采用 Bagging 投票的方式估计分类结果；学习回归问题时，可直接取每棵树结果的平均值。在 Sklearn 工具的实现过程中，取的是每个分类器预测概率的平均值，而不是让每个分类器对类别进行投票。

在 Sklearn 中，随机森林方法使用 sklearn.ensemble 包下的 RandomForestClassifier 类实现分类，使用 RandomForestRegressor 类实现回归，类引入的程序参考代码如下。

```
from sklearn.ensemble import RandomForestClassifier
from sklearn.ensemble import RandomForestRegressor
```

个体决策树学习器深度选择不当时会出现欠拟合或过拟合的现象，在随机森林集成学习中，有个重要的参数 "n_estimators"，通过它可以设定最大的弱学习器的个数，默认是 10，即默认随机森林构建 10 棵决策树。该数值太小，随机森林学习容易出现欠拟合现象；该数值太大，则有出现过拟合现象的风险，要依据实际业务情况选择一个适中的数值。

7.3.2　随机森林波士顿房价回归预测

应用任务 3.2 波士顿房价 506 行 13 个特征的数据，构造决策树和随机森林的回归模型，代码如下。

```
model = DecisionTreeRegressor() # 决策树回归学习模型
model = RandomForestRegressor(n_estimators=50) # 随机森林回归学习模型
```

这两个模型分别对波士顿房价进行回归预测，其中随机森林模型设置生成 50 棵决策树，通过对运行结果方差的对比和预测结果的可视化，理解随机森林集成学习的优势所在。

（1）引入需要的包，代码如下。

```
import numpy as np
import matplotlib as mpl
import matplotlib.pyplot as plt
import pandas as pd
from sklearn.model_selection import train_test_split
from sklearn.metrics import mean_squared_error
from sklearn.tree import DecisionTreeRegressor
from sklearn.ensemble import RandomForestRegressor
```

（2）建立加载模型需要样本数据的方法，代码如下。

```
def not_empty(s):
```

```
        return s != ''


def load_data(filepath):
    file_data = pd.read_csv(filepath, header=None)
    data = np.empty((len(file_data), 14))
    for i, d in enumerate(file_data.values):
        d = list(map(float, list(filter(not_empty, d[0].split('
    ')))))
        data[i] = d
    x, y = np.split(data, (13,), axis=1)
    y = y.ravel()
    x_train, x_test, y_train, y_test = train_test_split(x, y,
train_size=0.7, random_state=1)
    return x_train, x_test, y_train, y_test
```

（3）创建决策树和随机森林模型的方法，计算并返回回归预测结果和对应的均方误差。

在创建随机森林模型时，指定生成决策树的个数为50，代码如下。

```
def createmodel(bg,x_train, x_test, y_train, y_test):
    model=''
    if bg == 'tree':
        model = DecisionTreeRegressor()
    else:
        model = RandomForestRegressor(n_estimators=50)
    model.fit(x_train, y_train)
    order = y_test.argsort(axis=0)
    y_test = y_test[order]
    x_test = x_test[order, :]
    y_pred = model.predict(x_test)
    r2 = model.score(x_test, y_test)
```

```
mse = mean_squared_error(y_test, y_pred)

return mse,y_pred,y_test
```

（4）建立模型预测结果的可视化方法，代码如下。

```
def drawplot(y_test,y_pred_rf,y_pred_tree):

    t = np.arange(len(y_pred_rf))

    mpl.rcParams['font.sans-serif'] = ['simHei']

    mpl.rcParams['axes.unicode_minus'] = False

    plt.figure(figsize=(5,3),facecolor='w')

    plt.plot(t, y_test, 'r-', label=' 真实值 ')

    plt.plot(t, y_pred_rf, 'g--', label=' 随机森林预测值 ')

    plt.plot(t, y_pred_tree, 'b:', label=' 决策树预测值 ')

    plt.legend(loc='best')

    plt.xlabel(' 样本个数 ', fontsize=9)

    plt.ylabel(' 房屋价格 ', fontsize=9)

    plt.grid()

    plt.show()
```

（5）编写主方法，执行创建的回归模型，打印出均方误差并将预测结果可视化，代码如下。

```
if __name__ == "__main__":

    filepath='..\\housing.data'

    x_train, x_test, y_train, y_test=load_data(filepath)

    model_tree='tree'

    model_rf='randomforest'

    mse_tree,y_pred_tree,y_test_tree=createmodel(model_tree,x_
train, x_test, y_train, y_test)

    mse_rf, y_pred_rf,y_test_rf = createmodel(model_rf, x_
train, x_test, y_train, y_test)

    print(' 决策树均方误差: ', mse_tree)
```

```
print('随机森林均方误差：', mse_rf)

drawplot(y_test_rf,y_pred_rf, y_pred_tree)
```

执行程序，波士顿房价决策树与随机森林回归预测可视化结果如图 7-1 所示。

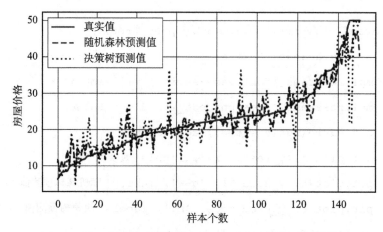

图 7-1　波士顿房价决策树与随机森林回归预测可视化结果

执行程序，求得的决策树和随机森林的均方误差为：

```
决策树均方误差：25.4936184210526634

随机森林均方误差：9.245473157894738
```

从图 7-1 中可以看出，随机森林的回归结果会比决策树平稳得多，求得的方差也小于决策树很多，体现了随机森林集成学习的优势所在。

7.3.3　随机森林鸢尾花数据两特征组合分类

应用 3.3.2 节鸢尾花的数据 Sepal.Length（花萼长度）、Sepal.Width（花萼宽度）和 Species（鸢尾花种类）（共计 150 行两个特征属性和 1 个分类标签），构造决策树和随机森林的分类模型，代码如下。

```
model = DecisionTreeClassifier(criterion = 'entropy', max_depth
= 6)  #决策树分类学习模型
    #随机森林分类学习模型
model = RandomForestClassifier(n_estimators=100, criterion='entropy',
max_depth=6, oob_score=True)
```

　　这两个模型使用鸢尾花花萼长度和花萼宽度两个特征，分别建立鸢尾花分类的决策树和随机森林学习模型，其中决策树个体学习器和随机森林中的树深度都是6，树的算法采用"entropy"方式，随机森林模型设置生成100棵决策树，通过对运行结果方差的对比和预测结果的可视化，理解随机森林集成学习的优势所在。

　　（1）引入需要的包，代码如下。

```
import numpy as np
import pandas as pd
import matplotlib as mpl
import matplotlib.pyplot as plt
from sklearn.tree import DecisionTreeClassifier
from sklearn.ensemble import RandomForestClassifier
from sklearn.metrics import accuracy_score
from sklearn.model_selection import train_test_split
```

　　（2）建立评估模型，代码如下。

```
def modelEvaluation(y_train, y_test,y_train_pred,y_test_pred):
    acc_train = accuracy_score(y_train, y_train_pred)
    acc_test = accuracy_score(y_test, y_test_pred)
    return acc_train,acc_test
```

　　（3）创建生成二维分类图的方法，代码如下。

```
def drawPlot(title,x_train, x_test, y_train, y_test):
    N, M = 500, 500   # 横、纵各采样多少个值
    x1_min, x2_min = x_train.min()
    x1_max, x2_max = x_train.max()
    t1 = np.linspace(x1_min, x1_max, N)
    t2 = np.linspace(x2_min, x2_max, M)
    x1, x2 = np.meshgrid(t1, t2)   # 生成网格采样点
    x_show = np.stack((x1.flat, x2.flat), axis=1)   # 测试点
    y_hat = model.predict(x_show)
```

```
    y_hat = y_hat.reshape(x1.shape)
    cm_light = mpl.colors.ListedColormap(['#F2F2C2', '#E00E00',
'#FFFFFF'])
    cm_dark = mpl.colors.ListedColormap(['#FFFFFF', '#000000', '#CCCCCC'])
    plt.figure(figsize=(3,2.5), facecolor='w')
    plt.contour(x1, x2, y_hat, colors='k', levels=[0, 1], antialiased=True,
linewidths=1)
    plt.pcolormesh(x1, x2, y_hat, cmap=cm_light)   # 预测值
    plt.scatter(x_train[0], x_train[1], c=y_train, s=20, edgecolors='k',
cmap=cm_dark, label=' 训练集 ')
    plt.scatter(x_test[0], x_test[1], c=y_test, s=80, marker='*',
edgecolors='k', cmap=cm_dark, label=' 测试集 ')
    plt.xlabel(' 花萼长度 ', fontsize=9)
    plt.ylabel(' 花萼宽度 ', fontsize=9)
    plt.xlim(x1_min, x1_max)
    plt.ylim(x2_min, x2_max)
    plt.grid(b=True, ls=':', color='#606060')
    plt.suptitle(title, fontsize=8)
    plt.tight_layout(1, rect=(0, 0, 1, 0.94))      # (left, bottom,
right, top)
    plt.show()
```

（4）编写主方法，分别创建决策树的随机森林模型，进行比较，代码如下。

```
if __name__ == "__main__":
    mpl.rcParams['font.sans-serif'] = ['SimHei']
    mpl.rcParams['axes.unicode_minus'] = False
    path = '..\\iris.data'   # 数据文件路径
    data = pd.read_csv(path, header=None)
    x_prime = data[list(range(2))]  # 获取 "花瓣长度" "花瓣宽度"
的数据
```

```
print(x_prime,'****')
y = pd.Categorical(data[4]).codes
# 数据量较少，所以按六四拆分数据集
x_train, x_test, y_train, y_test = train_test_split(x_
prime, y, train_size=0.6, random_state=1)
# 决策树学习
model = DecisionTreeClassifier(criterion = 'entropy', max_
depth = 6)
model.fit(x_train, y_train)
y_train_pred = model.predict(x_train)
y_test_pred = model.predict(x_test)
# 决策树模型评估
acc_train, acc_test = modelEvaluation(y_train, y_test, y_
train_pred, y_test_pred)
print('\t训练集准确率：%.4f%%' % (100 * acc_train))
print('\t测试集准确率：%.4f%%\n' % (100 * acc_test))
drawPlot('决策树鸢尾花分类', x_train, x_test, y_train, y_
test)  # 二维分类图
# 决策树学习
model = RandomForestClassifier(n_estimators=100, criterion='entropy',
max_depth=6, oob_score=True)
model.fit(x_train, y_train)
y_train_pred_rf = model.predict(x_train)
y_test_pred_rf = model.predict(x_test)
# 随机森林决策树模型评估
acc_train, acc_test = modelEvaluation(y_train, y_test, y_
train_pred_rf, y_test_pred_rf)
print('\t随机森林训练集准确率：%.4f%%' % (100 * acc_train))
print('\t随机森林测试集准确率：%.4f%%\n' % (100 * acc_test))
drawPlot('随机森林鸢尾花分类', x_train, x_test, y_train, y_
```

```
test)    # 二维分类图
```

执行程序，鸢尾花决策树与随机森林分类预测可视化结果如图 7-2 所示。

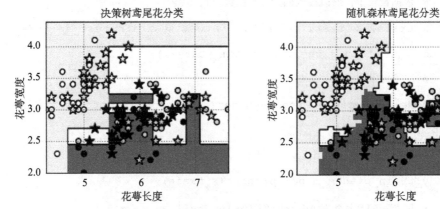

图 7-2　鸢尾花决策树与随机森林分类预测可视化结果

执行程序，求得的决策树和随机森林分类的准确率为：

训练集准确率：`86.6667%`

测试集准确率：`61.6667%`

随机森林训练集准确率：`93.3333%`

随机森林测试集准确率：`66.6667%`

从图 7-2 中可以看出，随机森林的分类比决策树更准确些，且求得的准确率无论是训练集数据还是测试集数据都要比决策树好一些。

任务7.4　Boosting应用

任务目标

理解 Boosting 分类基本知识及应用。

任务分析

Boosting 基本知识→ Adaboost 分类应用→ XGBoost 分类应用→ Python 编程

任务分解

本任务共设定 3 个子任务，分 3 大步骤完成。

第 1 步：理解 Boosting 基本知识。

第 2 步：能应用 Python 实现 Adaboost 鸢尾花数据两特征组合的分类编程。

第 3 步：能应用 Python 实现 XGBoost 葡萄酒分类编程。

7.4.1 Boosting基本知识

Boosting 集成学习的过程不能并行，其计算过程会先从原始样本集中训练出一个个体学习器，然后对该学习器中做错的训练样本进行关注，通过改变训练样本的权重，依次学习多个分类器并进行一些线性组合，达到将原本较弱的个体学习器提升为强学习器的目的。

在 Boosting 家族中，比较有代表性的算法有 AdaBoost、XGBoost 等。其中 AdaBoost 从弱分类器出发反复训练，在其中不断调整数据权重或概率分布，同时提高前一轮被弱分类器误分的样本的权值。XGBoost 是一种提升树模型，将许多树模型集成在一起，形成一个很强的分类器，在一定情况下它支持并行，如在建树的阶段会用到，每个节点可以并行地寻找分裂特征。

7.4.2 AdaBoost鸢尾花数据两特征组合分类

AdaBoost 的核心思想是通过反复修正上一次个体学习器数据的权重来训练一系列的弱学习器（如一棵决策树），由这些弱学习器的预测结果通过加权投票（或加权求和）的方式组合，得到最终的预测结果。

初始化时，将事先设定好的个体弱学习器的权重都设置为 $\frac{1}{N}$，进行弱分类学习器的训练学习，然后被预测为错误结果的样本的权重将会增加，被预测为正确结果的样本的权重将会降低。在连续迭代过程中，样本的权重会被逐个修改，对应的学习器将重新应用修正过的权重。随着迭代次数的增加，难以预测的样例的影响将会越来越大，随后每一个弱学习器都会被强迫更加关注那些在之前被错误预测的样例，以此完成 AdaBoost 的学习过程。

应用 3.3.2 节鸢尾花的数据（共计 150 行 4 个特征属性和 1 个分类标签），构造决策树和 AdaBoost 的两两特征组合分类的模型，代码如下。

```
# 构建决策树学习分类模型
model = DecisionTreeClassifier(criterion='gini', max_depth=3,
```

```
min_samples_split=4)
    # 构建AdaBoost决策树学习分类模型
    base_estimator = DecisionTreeClassifier(criterion='gini', max_
depth=3, min_samples_split=4)
    model = AdaBoostClassifier(base_estimator=base_estimator, n_
estimators=10, learning_rate=0.1)
```

在两个模型中，拟将鸢尾花 4 个特征两两对应进行模型的学习。其中决策树
个体学习器和 AdaBoost 分类器中的树深度都是 3，树的算法采用"gini"方式。
在 AdaBoost 分类器构建中，将参数 n_estimators 设置为 10，这里代表构建 10 棵
决策树。这个数据太小，容易欠拟合，太大则容易过拟合，需要依据实际业务情
况选择一个适中的值。通常情况下，需要将它和参数 learning_rate 一起考虑，对
于同样的训练集拟合效果，较小的 learning_rate 值将意味着更多的弱学习器的迭
代次数。通常一起考虑这两个参数来决定算法的拟合效果。

（1）引入需要的包，代码如下。

```
from sklearn.tree import DecisionTreeClassifier
from sklearn.ensemble import AdaBoostClassifier
from sklearn.metrics import accuracy_score
from sklearn.model_selection import train_test_split
```

（2）编写主方法，实现鸢尾花两两特征在决策树个体学习器和 AdaBoost 构建
的决策树集成学习模型下的分类效果，代码如下。

```
if __name__ == "__main__":
    iris_feature = u'花萼长度', u'花萼宽度', u'花瓣长度', u'花
瓣宽度'
    path = '..//iris.data'  # 数据文件路径
    data = pd.read_csv(path, header=None)
    x_prime = data[range(4)]
    y = pd.Categorical(data[4]).codes
```

```
    x_prime_train, x_prime_test, y_train, y_test = train_
test_split(x_prime, y, train_size=0.5, random_state=0)


    feature_pairs = [[0, 1], [0, 2], [0, 3], [1, 2], [1, 3],
[2, 3]]
    for i, pair in enumerate(feature_pairs):
        # 准备数据
        x_train = x_prime_train[pair]
        x_test = x_prime_test[pair]


        # 决策树学习
        model = DecisionTreeClassifier(criterion='gini', max_
    depth=3, min_samples_split=4)
        model.fit(x_train, y_train)


        # 训练集上的预测结果
        y_train_pred = model.predict(x_train)
        acc_train = accuracy_score(y_train, y_train_pred)
        y_test_pred = model.predict(x_test)
        acc_test = accuracy_score(y_test, y_test_pred)
        print('特征: ', iris_feature[pair[0]], ' + ', iris_
    feature[pair[1]])
        print('\tDecisionTree 训练集准确率: %.4f%%' % (100 *
    acc_train))
        print('\tDecisionTree 测试集准确率: %.4f%%\n' % (100
    * acc_test))


        # AdaBoost 决策树学习
        base_estimator = DecisionTreeClassifier(criterion='
    gini', max_depth=3, min_samples_split=4)
```

```
            model = AdaBoostClassifier(base_estimator=base_estimator,
        n_estimators=10, learning_rate=0.1)
            model.fit(x_train, y_train)


            # 训练集上的预测结果
            y_train_pred = model.predict(x_train)
            acc_train = accuracy_score(y_train, y_train_pred)
            y_test_pred = model.predict(x_test)
            acc_test = accuracy_score(y_test, y_test_pred)
            print ('\tAdaBoost 训练集准确率：%.4f%%' % (100*acc_train))
            print ('\tAdaBoost 测试集准确率：%.4f%%\n' % (100*acc_test))
```

执行程序，求得的决策树和随机森林分类的准确率为：

```
特征：花萼长度    +    花萼宽度
 DecisionTree 训练集准确率：84.0000%
 DecisionTree 测试集准确率：62.6667%
 AdaBoost 训练集准确率：94.6667%
 AdaBoost 测试集准确率：70.6667%
特征：花萼长度    +    花瓣长度
 DecisionTree 训练集准确率：97.3333%
 DecisionTree 测试集准确率：89.3333%
 AdaBoost 训练集准确率：100.0000%
 AdaBoost 测试集准确率：92.0000%
特征：花萼长度    +    花瓣宽度
 DecisionTree 训练集准确率：97.3333%
 DecisionTree 测试集准确率：92.0000%
 AdaBoost 训练集准确率：98.6667%
 AdaBoost 测试集准确率：93.3333%
特征：花萼宽度    +    花瓣长度
 DecisionTree 训练集准确率：97.3333%
```

```
DecisionTree 测试集准确率：89.3333%

AdaBoost 训练集准确率：100.0000%

AdaBoost 测试集准确率：92.0000%
特征：花萼宽度　+　花瓣宽度

DecisionTree 训练集准确率：97.3333%

DecisionTree 测试集准确率：92.0000%

AdaBoost 训练集准确率：100.0000%

AdaBoost 测试集准确率：92.0000%
特征：花瓣长度　+　花瓣宽度

DecisionTree 训练集准确率：98.6667%

DecisionTree 测试集准确率：96.0000%

AdaBoost 训练集准确率：98.6667%

AdaBoost 测试集准确率：96.0000%
```

从运行的结果可以看出，在花瓣长度和花瓣宽度本身数据分类特征明显的情况下，AdaBoost 保持了决策树的分类精度；其他鸢尾花两两特征组合分类时，AdaBoost 模型都对个体决策树学习器进行了不同程度的提升。

7.4.3　XGBoost葡萄酒分类

XGBoost 利用梯度优化模型算法，训练过程中样本是不放回的，但支持每轮计算应用采样样本。在训练学习过程中，XGBoost 应用近似解的方法确定最佳的分割点，不断给出各个特征的评分，表明每个特征对模型训练的重要性。XGBoost 中的基学习器可以是 CART，也可以是线性分类器。

使用任务 2.2 意大利葡萄酒分类的数据，分别构建 kNN 个体学习器、决策树个体学习器和 XGBoost 集成学习器的葡萄酒分类模型，代码如下。

```
# 构建 kNN 学习分类模型
model = KNeighborsClassifier()
# 构建决策树学习分类模型
model = DecisionTreeClassifier(criterion='gini', max_depth=3,
```

```
min_samples_split=4)
    # 构建 XGBoost 决策树学习分类模型
    watch_list = [(data_test, 'eval'), (data_train, 'train')]
    params = {'max_depth': 3, 'eta': 0.9, 'silent': 1, 'objective':
'multi:softmax', 'num_class': 3}
    model = xgb.train(params, data_train, num_boost_round=5,
evals=watch_list)
```

在项目 2 应用 kNN 分类器对葡萄酒数据实现了分类的功能，这里再次应用，为了方便对比，决策树应用了 gini 模型，深度为 3。在 XGBoost 模型中，max_depth 设置所用树最大深度为 3；objective 设置模型应用分类的目标及方法是多分类的 multi:softmax，根据目标需要进行设置；eta 是衰减因子，设置过小容易导致计算时间太长，太大又很容易出现过拟合；silent 是打印运行信息；num_class 是类的数目，num_boost_round 设置了迭代计算次数为 5。

（1）引入需要的包，代码如下。

```
import pandas as pd
import xgboost as xgb
from sklearn.model_selection import train_test_split
from sklearn.neighbors import KNeighborsClassifier
from sklearn.tree import DecisionTreeClassifier
from sklearn.preprocessing import MinMaxScaler
from sklearn.metrics import accuracy_score
```

（2）编写主方法，实现葡萄酒分类，代码如下。

```
if __name__ == "__main__":
    data = pd.read_csv('..\\wine.data', header=None)
    x, y = data.iloc[:, 1:], data[0]
    x = MinMaxScaler().fit_transform(x)
    x_train, x_test, y_train, y_test = train_test_split(x, y,
  random_state=1, test_size=0.7)
```

```
#kNN 个体学习器
model = KNeighborsClassifier()
model.fit(x_train, y_train.ravel())
y_train_pred = model.predict(x_train)
y_test_pred = model.predict(x_test)
print ('kNN 分类训练集准确率: ', accuracy_score(y_train, y_
train_pred))
print ('kNN 分类测试集准确率: ', accuracy_score(y_test, y_
test_pred))


# 决策树个体学习器
model = DecisionTreeClassifier(criterion='gini', max_depth=3,
min_samples_split=4)
model.fit(x_train, y_train)
y_train_pred = model.predict(x_train)
y_test_pred = model.predict(x_test)
print('决策树训练集准确率: ', accuracy_score(y_train, y_
train_pred))
print('决策树测试集准确率: ', accuracy_score(y_test, y_test_
pred))


#XGBoost 集成学习器
y_train[y_train == 3] = 0
y_test[y_test == 3] = 0
data_train = xgb.DMatrix(x_train, label=y_train)
data_test = xgb.DMatrix(x_test, label=y_test)
watch_list = [(data_test, 'eval'), (data_train, 'train')]
params = {'max_depth': 3, 'eta': 0.9, 'silent': 1, 'objective':
'multi:softmax', 'num_class': 3}
```

```
    model = xgb.train(params, data_train, num_boost_round=5,
evals=watch_list)
    y_train_pred = model.predict(data_train)
    y_test_pred = model.predict(data_test)
    print ('XGBoost 训练集准确率: ', accuracy_score(y_train, y_
train_pred))
    print ('XGBoost 测试集准确率: ', accuracy_score(y_test, y_
test_pred))
```

执行程序，求得的 kNN 决策树和 XG Boost 的准确率为：

```
kNN 分类训练集准确率: 0.9811320754716981
kNN 分类测试集准确率: 0.944
决策树训练集准确率: 0.9811320754716981
决策树测试集准确率: 0.936
D:\Program Files\Python36\lib\site-packages\xgboost\core.
py:587: FutureWarning: Series.base is deprecated and will be
removed in a future version
    if getattr(data, 'base', None) is not None and \
    [0]eval-merror:0.136          train-merror:0.018868
    [1]eval-merror:0.088          train-merror:0
    [2]eval-merror:0.088          train-merror:0
    [3]eval-merror:0.04           train-merror:0
    [4]eval-merror:0.04           train-merror:0
XGBoost 训练集准确率: 1.0
XGBoost 测试集准确率: 0.96
```

从运行结果可以看出，无论在训练集上还是在测试集上，在本实验中，XGBoost 分类结果准确率均高于 kNN 和决策树个体学习模型。XGBoost 在训练集上的错误率不断下降，测试集从第二条数据"[1]eval-merror:0.088   train-merror:0"开始，错误率（train-merror）为 0，从本实验结果来看是因为训练数据已经达到 1.0 的准确率。

7.5　项目复盘

本章主要介绍集成学习的基本知识，在任务 7.2 ～ 7.4 中，为了方便比较，全部使用了前面章节用过的模型和数据进行集成学习模型的学习与理解。

集成学习模型 Bagging 中应用了项目 2 的学习模型 kNN 和前面使用过的鸢尾花数据进行模型对比；随机森林与决策树模型应用鸢尾花数据进行分类模型对比，应用波士顿房价进行回归模型对比；AdaBoost 通过决策树模型使用鸢尾花数据进行两两特征分类，并与决策树个体模型进行对比；XGBoost 与 kNN 和决策树个体学习模型使用葡萄酒数据进行分类对比。通过对实际案例的比较、分析，帮助读者理解集成学习的基本知识。

7.6　实操练习

1. 理解个体学习与集成学习的基本概念。

2. 理解 Bagging 的实现过程，并完成 7.1.2 节的 Python 编程。

3. 理解随机森林的实现过程，并完成 7.3.2 节和 7.3.3 节的 Python 编程。

4. 理解 Boosting 的实现过程，并完成 7.4.2 节和 7.4.3 节的 Python 编程。

参考答案

项目 8
聚类

前面项目的分类学习任务中，通过参考带标签的样本类别信息，完成未知样本分类标签知识的学习，这是有监督学习的方法。实际生活中，当数据难以用人工标注类别或标注成本昂贵时，就需要从数据自身学习分类标签知识，称为无监督学习的方法。聚类是典型的无监督学习方法，其目的是通过衡量样本与聚簇中心的距离，把相似的东西聚在一起，并不关心类别本身的含义。本项目主要介绍聚类的基本概念及常用的聚类方法，最后以鸢尾花中花瓣长度和花瓣宽度的数据为例，应用 K-Means 算法演示聚类算法的应用过程。

任务列表

任务名称	任务描述
任务 8.1　知识准备	聚类基本知识与主要问题、常用聚类算法特点与 Python 程序实现
任务 8.2　基于 K-Means 鸢尾花分类	K-Means 基本知识、数据读取、构建分类模型、模型性能评估、分类结果可视化

学习目标

最终目标：

能正确应用聚类的知识进行建模。

促成目标：

能理解聚类基本知识。

能理解聚类中需要注意的关键问题。

掌握常用聚类算法的功能及应用场景。

掌握常用聚类算法的程序实现过程。

能应用 Python 编程实现 K-Means 鸢尾花分类。

任务8.1　知识准备

任务目标

能理解聚类模型的特点及 Sklearn 工具实现聚类的编程。

任务分析

聚类基本知识→聚类中的主要问题→常用聚类算法→ Python 编程

任务分解

本任务共设定 3 个子任务，分 3 大步骤完成。

第 1 步：理解聚类基本概念。

第 2 步：能理解聚类中常见问题及解决思路。

第 3 步：能理解聚类常用方法及 Python 实现。

8.1.1　聚类基本知识

聚类与前面学习的分类算法（kNN、逻辑回归、贝叶斯、决策树、SVM）的主要不同之处在于，聚类不需要以先验知识为指导，可通过对未知分类的样本进行训练学习，发现数据的内在性质，相似的样本分为一类，为发现数据中蕴含的价值提供知识。

聚类生成的类别的个数由簇个数决定，簇在聚类中意为将相似性质的对象分在一处，与其他簇中的对象相异。实际科学研究中，存在大量的分类问题，很多时候并不能预先理解标签。例如，当大型电商拥有大量未知用户时，如果能将不同的用户群体进行分类以指导销售，则将是件有意义的事情。在聚类中所有要求划分的样本都是未知的。聚类分析的内容可以非常丰富，方法也有很多，如系统聚类法、有序样品聚类法、动态聚类法、模糊聚类法、图论聚类法、聚类预报法等。

8.1.2 聚类中的主要问题

聚类中最关键的问题是确定簇的个数和寻找与每个簇相似的样本集，样本聚类如图 8-1 所示。

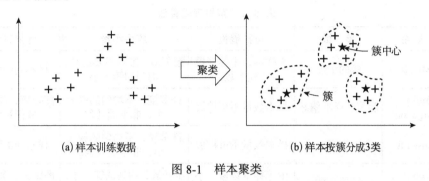

(a) 样本训练数据　　　　　　　　　(b) 样本按簇分成3类

图 8-1　样本聚类

对图 8-1（a）中的样本训练数据定义了 3 个簇，通过计算每个样本点与 3 个簇之间的欧式距离，分成如图所示的 3 个类别。这只是一个分类的演示，实际的科学研究中，数据往往是多维的，通过欧式距离并不能解决所有的问题，下面举例说明。

如图 8-2 所示，图 8-2（a）中描述的是三维的一大一小两个箭头，聚类在接收到这样的数据样本时，并不理解数据的含义，需要通过算法将样本按簇分成两个箭头的数据集合。此时如果还是按欧式距离处理则会得出错误的结论，可以将其按图 8-2（b）所示的样式进行图形拉伸，然后按最近邻方法进行计算，也可将其进行二维映射，再进行计算。无论用哪种方法，聚类的关键是样本簇个数的确定，以及簇内和簇间相似度的度量，最终达到按簇进行分类的目的。

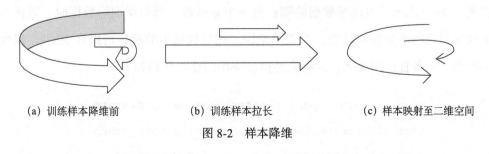

(a) 训练样本降维前　　　　(b) 训练样本拉长　　　　(c) 样本映射至二维空间

图 8-2　样本降维

8.1.3　常用聚类算法

按数据分布不同、数据间信息及预想的知识不同，可应用不同的聚类算法进行学习，如 K-Means 聚类、层次聚类、密度聚类、谱聚类等。Sklearn 在官网公布了每个版本的一些常用聚类算法，如表 8-1 所示。

表 8-1　常用聚类算法

方法名	参数	可扩展性	应用场景	计算方法
K-Means	簇的个数	大样本，中等规模簇个数	簇不多，维度不要过高，均匀的簇大小	样本间的距离
Affinity propagation	阻尼、样本偏好	样本数量不可扩展	许多簇，不均匀的簇大小，非平面几何	图距离，如最近邻图算法
Mean-shift	带宽	样本数量不可扩展	许多簇，不均匀的簇大小，非平面几何	样本间的距离
Spectral clustering	簇的个数	中等样本数量，小规模簇个数	少数簇，均匀的簇大小，非平面几何	图距离，如最近邻图算法
Ward hierarchical clustering	簇的个数	大样本，大规模簇个数	许多簇，可能有连接限制	点之间的距离
Agglomerative clustering	簇的个数、链接类型、距离	大样本，大规模簇个数	很多簇，可能有连接限制，非欧氏距离	任意成对距离
DBSCAN	近邻个数	非常大的样本数量，中等规模簇个数	非平面几何，不均匀的簇大小	最近样本间的距离
Gaussian mixtures	很多簇	不可扩展	平面几何，适用于密度估计	马氏距离
Birch	分支因子、阈值、可选全局簇	大样本，大规模簇个数	大型数据集，异常值去除，数据简化	

对于未标记的数据，如数据没有标记分类标签，此时可以使用 sklearn.cluster 模块中如表 8-1 所示的方法进行学习。每个聚类算法都有两个变体：一个是类，实现了 fit 方法来学习训练数据的簇；另一个是函数，当给定训练数据时，返回与不同簇对应的整数标签数组。对于类来说，训练数据上的标签可以在 labels_ 属性中找到。参考官网的案例，常用聚类算法应用的核心代码如下。

```python
from sklearn import cluster, datasets, mixture
from sklearn.neighbors import kneighbors_graph
from sklearn.preprocessing import StandardScaler
```

```
from itertools import cycle, islice
# ============
# Create cluster object 创建聚类对象
# ============
ms = cluster.MeanShift(bandwidth=bandwidth, bin_seeding=True)
two_means = cluster.MiniBatchKMeans(n_clusters=params['n_clusters'])
ward = cluster.AgglomerativeClustering(
    n_clusters=params['n_clusters'], linkage='ward',connect
 ivity=connectivity)
spectral = cluster.SpectralClustering(
    n_clusters=params['n_clusters'], eigen_solver='arpack
 ',affinity="nearest_neighbors")
dbscan = cluster.DBSCAN(eps=params['eps'])
affinity_propagation = cluster.AffinityPropagation(
    damping=params['damping'], preference=params['preference'])
average_linkage = cluster.AgglomerativeClustering(
    linkage="average", affinity="cityblock",
    n_clusters=params['n_clusters'], connectivity=connectivity)
birch = cluster.Birch(n_clusters=params['n_clusters'])
gmm = mixture.GaussianMixture(
    n_components=params['n_clusters'], covariance_type='full')
clustering_algorithms = (
    ('KM', two_means), # K-Means 举例，应用其变种聚类算法之一
 Mini Batch K-Means 进行演示
    ('AP', affinity_propagation), # Affinity propagation 举例
    ('MS', ms), #Mean-shift 举例
    ('SC', spectral), #Spectral clustering 举例
    ('WHC', ward), # Ward hierarchical clustering 举例
    ('AC', average_linkage), # Agglomerative clustering 举例
    ('DBSCAN', dbscan), # DBSCAN 举例
```

```
        ('GM', gmm), # Gaussian mixtures举例
        ('Birch', birch) # Birch举例
    )
    for name, algorithm in clustering_algorithms:
        if hasattr(algorithm, 'labels_'):
            y_pred = algorithm.labels_.astype(np.int)
        else:
            y_pred = algorithm.predict(X)
```

运行结果如图 8-3 所示。

为了显示更清晰，表 8-1 中的方法名用了简写的方法在图 8-3 中进行显示，相应对应关系为：KM（K-Means）、AP（Affinity propagation）、MS（Mean-shift）、SC（Spectral clustering）、WHC（Ward hierarchical clustering）、AC（Agglomerative clustering）、DBSCAN（DBSCAN）、GM（Gaussian mixtures）和 Birch。图 8-3 中，描述了不同形状的数据分布情况：数据分布均匀、有偏差和非平面流体（该流体的高斯曲率非 0）。针对非平面流体的数据分布形状，如图 8-3 中第 1～2 行所示，此时标准欧氏距离不能正确地度量数据学习分布，而非平面几何聚类是非常有用的。

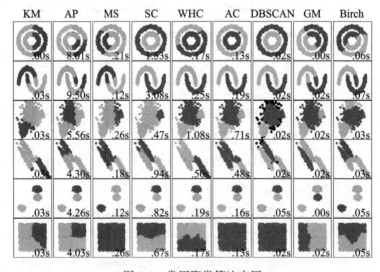

图 8-3 常用聚类算法应用

任务8.2 基于K-Means鸢尾花分类

任务目标

能应用 K-Means 思想进行聚类的 Python 建模。

任务分析

基本知识→数据读取→K-Means 建模→模型评估→结果可视化

任务分解

本任务共设定 5 个子任务，分 5 大步骤完成。

第 1 步：理解 K-Means 核心思想。

第 2 步：读取鸢尾花部分数据为聚类建模做准备。

第 3 步：构建 K-Means 分类模型。

第 4 步：模型评估。

第 5 步：结果可视化。

8.2.1 基本知识

K-Means 聚类算法（K-Means Clustering Algorithm，K 均值聚类算法）是聚类业务中应用广泛又非常好理解的一种迭代求解的聚类分析算法。

1. 簇个数的确定

主要以业务的需求为依据，然后通过工程师对数据的理解，合理地设定一个簇的个数。

2. 样本集合中簇中心值的确定

第 1 次簇中心值的确定，从原有样本集合中随机按簇个数在样本数据集合中选择样本。

第 2 次开始至结束前，簇值的确定是在已分类的样本集合中，将类内已分得样本的均值作为新的簇中心值参与下一轮分类计算。

直到新一轮的簇中心集求得的分类结果没有新的变化为止。

3. 求得簇内相似样本集的过程

K-Means 算法应用数据样本集合中每个样本与选定的每个簇值进行距离计算，

与哪个簇间距离最短，该样本就会被分至哪个类中。

K-Means 采用贪心算法，所有样本都会参与计算，每一轮每个簇都会参与计算，不断反复迭代，直到新一轮的簇中心值不能带来新的分类结果为止。如图 8-4 所示为 K-Means 聚类过程。

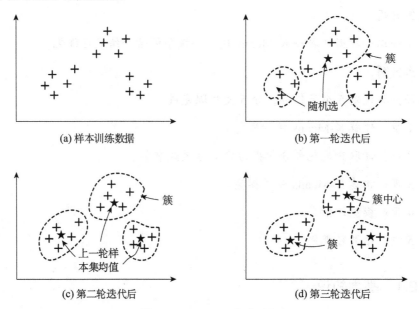

图 8-4　K-Means 聚类过程

在图 8-4 中，图 8-4（a）描述了原始样本（+）训练集，然后按设定簇个数 3 在所有样本中随机选择 3 个样本作为 3 个簇（★）的中心值，然后所有样本分别与这 3 个簇进行距离计算，样本与哪个簇距离小，就被分到哪个簇中，如图 8-4（b）所示形成 3 个簇。计算这 3 个簇中所有样本的平均值，形成 3 个新的簇中心值，如图 8-4（c）所示的 3 个★，然后重新计算所有样本与这 3 个簇之间的距离，重新求得 3 个簇，如图 8-4（c）所示。最后计算图 8-4（c）中 3 个簇中样本的均值，求得图 8-4（d）中的 3 个簇中心值，再次计算所有样本与每个簇中心的距离，形成 3 个簇，由于此次迭代计算（第三轮）与上次迭代计算（第二轮）的分类结果一致，故结束计算。

8.2.2　数据读取

采用 3.3.2 节鸢尾花数据中 Petal.Length（花瓣长度）和 Petal.Width（花瓣宽度）特征值，应用 K-Means 聚类模型，进行鸢尾花数据的分类演示。

读取数据的参考代码。

```
import pandas as pd
if __name__ == "__main__":
    # Sepal.Length (花萼长度)、Sepal.Width (花萼宽度)、Petal.
    Length (花瓣长度) 和 Petal.Width (花瓣宽度), 单位是 cm
    iris_feature = '花萼长度', '花萼宽度', '花瓣长度', '花瓣宽度'
    path = 'iris.data'  # 数据文件路径
    data = pd.read_csv(path, header=None)
    X= data[[2, 3]]
    print('花瓣长度和花瓣宽度数据: \n',X)
```

运行结果:

```
花瓣长度和花瓣宽度数据:
        2       3
0      1.4     0.2
1      1.4     0.2
2      1.3     0.2
3      1.5     0.2
4      1.4     0.2
..     ...     ...
145    5.2     2.3
146    5.0     1.9
147    5.2     2.0
148    5.4     2.3
149    5.1     1.8
```

读取的数据并不像之前学习的模型需要读取鸢尾花的类别数据: Iris-setosa（山鸢尾）、Iris-versicolor（杂色鸢尾）和 Iris-virginica（维吉尼亚鸢尾），而是只读取了花瓣长度和花瓣宽度数据，用于 K-Means 模型即可。

8.2.3　构建K-Means分类模型

由于鸢尾花数据共计 150 行、3 类数据，所以在构建 K-Means 模型时，只需输入参数簇的值为 3 即可，然后将任务 1 中准备好的数据加载至模型中训练。

（1）构建模型的方法，代码如下。

```python
from sklearn.cluster import KMeans
# 建立 K-Means 模型
def kMeansModel(n_clusters,X):
    estimator = KMeans(n_clusters=3)   # 构造聚类器
    estimator.fit(X)   # 聚类
    clusterCenters = estimator.cluster_centers_   # 获取最终簇中心值
    label_pred = estimator.labels_   # 获取聚类标签
    return clusterCenters,label_pred
```

（2）设定簇个数，调用模型，代码如下。

```python
if __name__ == "__main__":
    # 调用 K-Means 模型
    n_clusters=3
    clusterCenters,label_pred=kMeansModel(n_clusters, X)
    print('簇中心值: \n',clusterCenters)
    print('分类标签值: \n',label_pred)
```

运行结果：

```
簇中心值:
 [[1.464      0.244     ]
 [5.59583333 2.0375     ]
 [4.26923077 1.34230769]]
分类标签值:
 [0 0 0 0 0 0 0 0 0 0 0 0 0 0 0 0 0 0 0 0 0 0 0 0 0 0 0 0 0 0 0 0 0 0 0 0 0
 0 0 0 0 0 0 0 0 0 0 0 0 0 2 2 2 2 2 2 2 2 2 2 2 2 2 2 2 2 2 2 2
```

```
2 2 2 2 2 2 2 2 2 1 2 2 2 2 2 2 1 2 2 2 2 2 2 2 2 2 2 2 2 2 2 2 2 1 1 1
1 1 2 1 1 1 1 1 1 1 1 1 1 1 1 1 1 1 2 1 1 1 1 1 2 1 1 1 1 1 1 1 1 1 1 1
2 1 1 1 1 1 1 1 1 1 1 1]
```

模型返回的簇中心值，即为设定的3个簇分类最后一轮对应的"簇中心值"，鸢尾花所有花瓣长度和花瓣宽度的样本数据依据"分类标签值"进行簇的分类。模型返回的分类标签中每个值对应的花瓣长度和花瓣宽度的数据即是同一簇的。

8.2.4　K-Means模型性能评估

模型学习结束时会返回学习到的分类数据，会存在漏分、多分数据的情况。可通过求取这些数据，与分类数据集进行比较，求得数据分类性能情况。

1. 漏分和多分数据的求解

漏分的数据即原始样本集中有但模型分类簇中没有的数据；多分的数据即模型分类后簇中有但原始样本集中没有的数据。这两种情况其实都是求解两个集合中的补集，可建立一个求解补集的方法，代码如下。

```
# 从df1中过滤df1在df2中存在的行，也就是取补集
def dfDistinct(df1,df2):
    df1 = df1.append(df2)
    df1 = df1.append(df2)
    #print("补集（从df1中过滤df1在df2中存在的行）:\n%s\n\n" %
 df1.drop_duplicates(keep=False))
    resultDistinct=df1.drop_duplicates(keep=False)
    return resultDistinct
```

如果需要求解模型一个分类簇中所有分错的数据，即多分的数据和漏分的数据，可将这两个补集的数据合并起来，由于模型中会出现多个簇，这是一个可重复的操作，故可单独建立一个方法实现，代码如下。

```
# 求取 x_1, x_2 相交的合并
def getComplementarySet(x1,x2):
```

```
dfi = pd.merge(x1,x2)   # 取交集
dfo = pd.merge(x1,x2, how='outer')   # 取并集
# 从 dfo 中过滤 dfo 在 dfi 中存在的行，也就是取补集，即类别中分类错误的
样本
rd = dfDistinct(dfo, dfi)
#print('rd', rd)
return rd
```

求取聚类所求类别集合与实际集合中不同的样本，即求取 x_1、x_2 相交的补集，代码如下。

```
## 求出分错的样本数据，即类别中没有的点和没有被分到的点
def getErrorValues(x_km,X):
    # 求解所有分错的样本
    rd1=getComplementarySet(x_km, X[0:50])
    rd2 = getComplementarySet(x_km, X[50:100])
    rd3 = getComplementarySet(x_km, X[100:150])
    temp=rd1.shape[0]  #所有分错的样本的长度
    df=rd1  #所有分错的样本
    df0=dfDistinct(X[0:50], x_km)  # 求出原始样本类别中在聚类时没有
被分到的样本
    df1=dfDistinct(x_km, X[0:50])  # 求出原始样本类别中没有，但在聚
类时被分进来的样本
    if temp>rd2.shape[0]:
        df=rd2
        df0=dfDistinct(X[50:100], x_km)
        df1=dfDistinct(x_km, X[50:100])
        temp=rd2.shape[0]
    elif temp>rd3.shape[0]:
        df = rd3
        df0 = dfDistinct(X[100:150], x_km)
```

```
        df1 = dfDistinct(x_km, X[100:150])

        temp = rd3.shape[0]

    return temp,df,df0,df1
```

2. 在主函数程序中增加实现漏分和多分数据的求解

代码如下。

```
if __name__ == "__main__":
    # 模型评估
    x0_km = X[label_pred == 0]
    print('x0_km',x0_km)
    #print(' 返回列数：', x0.shape[1])
    #print(' 返回行数：', x0.shape[0])
    x1_km = X[label_pred == 1]
    print('x1_km', x1_km)
    x2_km = X[label_pred == 2]
    print('x2_km', x2_km)
    # temp1：分错集合长度
    df1：聚类中所有分错的样本，df01：原始样本有聚类中没有的样本，df11：聚
类中有原始样本中没有的样本
    temp1,df1,df01,df11=getErrorValues(x0_km, X)
    temp2,df2,df02,df12= getErrorValues(x1_km, X)
    temp3,df3,df03,df13 = getErrorValues(x2_km, X)
    # 被错分的概率，即聚类中有原始样本中没有的样本
    err11=modelEvaluation(df11.shape[0],x0_km.shape[0])
    print(' 聚类簇 1 中被额外错分进来样本的概率 ：',err11)
    print(' 聚类簇 1 中被额外错分进来的样本 ：',df11)
    err12 = modelEvaluation(df12.shape[0],x1_km.shape[0])
    print(' 聚类簇 2 中被额外错分进来样本的概率 ：', err12)
    print(' 聚类簇 2 中被额外错分进来的样本 ：', df12)
    err13 = modelEvaluation(df13.shape[0],x2_km.shape[0])
```

```
print('聚类簇 3 中被额外错分进来样本的概率 : ', err13)

print('聚类簇 3 中被额外错分进来的样本 : ', df13)

# 漏分的概率, 即原始样本有聚类中没有的样本

err01 = modelEvaluation(df01.shape[0], x0_km.shape[0])

print('聚类簇 1 中漏分样本的概率 : ', err11)

print('聚类簇 1 中漏分的样本 : ', df01)

err02 = modelEvaluation(df02.shape[0], x1_km.shape[0])

print('聚类簇 2 中漏分样本的概率 : ', err12)

print('聚类簇 2 中漏分的样本 : ', df02)

err03 = modelEvaluation(df03.shape[0], x2_km.shape[0])

print('聚类簇 3 中漏分样本的概率 : ', err13)

print('聚类簇 3 中漏分的样本 : ', df03)

# 漏分的概率, 即原始样本有聚类中没有的样本

err1 = modelEvaluation(df1.shape[0], x0_km.shape[0])

print('聚类簇 1 中错分样本的概率 : ', err1)

print('聚类簇 1 中所有错分的样本 : ', df1)

err2 = modelEvaluation(df2.shape[0], x1_km.shape[0])

print('聚类簇 2 中错分样本的概率 : ', err2)

print('聚类簇 2 中所有错分的样本 : ', df2)

err3 = modelEvaluation(df3.shape[0], x2_km.shape[0])

print('聚类簇 3 中错分样本的概率 : ', err3)

print('聚类簇 3 中所有错分的样本 : ', df3)
```

运行结果:

```
聚类簇 1 中被额外错分进来样本的概率 : 0.0

聚类簇 1 中被额外错分进来的样本 : Empty DataFrame

Columns: [2, 3]

Index: []

聚类簇 2 中被额外错分进来样本的概率 : 0.041666666666666664

聚类簇 2 中被额外错分进来的样本 :
```

```
         2       3
77      5.0     1.7
83      5.1     1.6
```

聚类簇3中被额外错分进来样本的概率：0.038461538461538464

聚类簇3中被额外错分进来的样本：

```
         2       3
106     4.5     1.7
119     5.0     1.5
```

聚类簇1中漏分样本的概率：0.0

聚类簇1中漏分的样本：Empty DataFrame

Columns: [2, 3]

Index: []

聚类簇2中漏分样本的概率：0.041666666666666664

聚类簇2中漏分的样本：

```
         2       3
106     4.5     1.7
119     5.0     1.5
```

聚类簇3中漏分样本的概率：0.038461538461538464

聚类簇3中漏分的样本：

```
         2       3
77      5.0     1.7
83      5.1     1.6
```

聚类簇1中错分样本的概率：0.0

聚类簇1中所有错分的样本：Empty DataFrame

Columns: [2, 3]

Index: []

聚类簇2中错分样本的概率：0.08333333333333333

聚类簇2中所有错分的样本：

```
         2       3
0       5.0     1.7
```

```
1        5.1      1.6
56       4.5      1.7
57       5.0      1.5
```

聚类簇 3 中错分样本的概率 ：0.07692307692307693

聚类簇 3 中所有错分的样本 ：

```
         2        3
92       4.5      1.7
93       5.0      1.5
94       5.0      1.7
95       5.1      1.6
```

运行结果表明聚类簇 1 中没有错分的数据，其他两个聚类簇中都有被错分的数据，其中聚类簇 2 中数据错分率约为 8%，聚类簇 3 中数据错分率约为 7%。

8.2.5　K-Means模型结果可视化

本任务主要完成鸢尾花花瓣长度和花瓣宽度两个特征样本通过 K-Means 模型学习后分类情况的可视化工作。其中包括分类数据的可视化、错分数据的可视化、簇中心数据的可视化和不同类别对应簇的不同样式的显示。

1. 建立可视化模型

代码如下。

```
import matplotlib as mpl
import matplotlib.pyplot as plt
# 画图
def createPlot(x0_km,x1_km,x2_km,clusterCenters,df01,df02,
df03):
    mpl.rcParams['font.sans-serif'] = ['SimHei']
    mpl.rcParams['axes.unicode_minus'] = False
    plt.figure(figsize=(6, 4.5), facecolor='w')
    # 画出聚类的值
```

```
    plt.scatter(x0_km[2], x0_km[3], c="green", marker='.', label=
'聚类簇 1')
    plt.scatter(x1_km[2], x1_km[3], c="red", marker='x', label=
'聚类簇 2')
    plt.scatter(x2_km[2], x2_km[3], c="blue", marker='+', label=
'聚类簇 3')
    # 画聚类中心点
    plt.scatter(clusterCenters[:,0],clusterCenters[:,1], s=140,
marker='*', facecolors='none', edgecolors='r', zorder=10)   # 圈
中测试集样本
    # 画聚类错误的样本点
    if len(list(df01))>0:
        plt.scatter(df01[2], df01[3], s=70, marker='d', facecolors='none',
    edgecolors='green', zorder=10, label=' 聚类簇 1 漏分样本 ')
    if len(list(df02))>0:
        plt.scatter(df02[2], df02[3], s=70, marker='p', facecolors='none',
    edgecolors='red', zorder=10, label=' 聚类簇 2 漏分样本 ')
    if len(list(df03))>0:
        plt.scatter(df03[2], df03[3], s=70, marker='s', facecolors='none',
    edgecolors='blue', zorder=10, label=' 聚类簇 3 漏分样本 ')
    plt.xlabel(' 花瓣长度 (cm)')
    plt.ylabel(' 花瓣宽度 (cm)')
    plt.legend(loc=2)
    plt.show()
```

2. 在主函数程序中增加调用可视化方法的代码

代码如下。

```
if __name__ == "__main__":
    # 调用可视化画图方法
    createPlot(x0_km, x1_km, x2_km, clusterCenters, df01, df02,
```

```
    df03)
```

运行结果如图 8-5 所示。

图 8-5 中，应用不同形状显示不同聚类簇的内容，其中★代表簇中心值位置，每个聚类簇中漏分的样本也以不同形状进行表示，图中聚类簇 3 没有错分的数据，故对应形状没有显示。要注意的是，由于初始簇值是随机选定的，所以用户在应用程序时可能会出现与本图不同的结果，但总体分类的性能大体上是一致的。

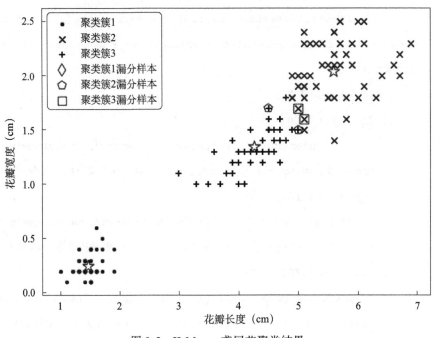

图 8-5　K-Means 鸢尾花聚类结果

8.3　项目复盘

在任务 8.1 中，主要介绍无监督学习聚类算法的基本知识和聚类中存在的主要问题，以及常用的聚类算法，同时给出了常用算法模型的调用方法。

在任务 8.2 中，首先详细介绍 K-Means 模型的计算过程，然后应用 K-Means 理论，完成鸢尾花分类编程及模型性能的评估实现过程。

8.4 实操练习

1. 理解聚类的基本概念。

2. 描述聚类中存在的主要问题。

3. 描述聚类常用的算法，以及对应程序实现时调用的方法名。

参考答案

4. 完成任务 8.2 中基于 K-Means 鸢尾花分类的 Python 编程。

项目9
深度神经网络

　　深度神经网络（Deep Neural Network，DNN）是指包含了多个隐藏层的人工神经网络（Artificial Neural Network，ANN）。人工神经网络拥有输入层、隐藏层和输出层，通过隐藏层对输入层的特征向量进行变换，从而获得输出层的分类结果。在深度神经网络中，每一个隐藏层都由多个神经元构成。依据神经元的特点，深度神经网络可分为深度前馈网络（Deep Feedforward Network）、卷积神经网络（Convolutional Neural Network，CNN）和循环神经网络（Recurrent Neural Network，RNN）等不同的类型。深度前馈网络是最朴素的深度神经网络，可以理解为包含多个隐藏层的感知机，即多层感知机（MultiLayer Perceptron，MLP）。卷积神经网络通常被用来解决图像问题，将其用于图像的特征提取，再结合深度前馈网络做图像分类。循环神经网络通常用于解决时间序列问题，用来提取时间序列信息，通常放在特征提取层之后。本项目将从3种常用的深度神经网络出发，讲授深度学习（Deep Learning，DL）技术的关键思想；结合卷积神经网络实现手写数字识别，带领学生完成深度学习技术的简单实践。

任务列表

任务名称	任务描述
任务 9.1　知识准备	深度前馈神经网络、印第安人糖尿病诊断建模、卷积神经网络、循环神经网络和长短期记忆网络、基于 LSTM 国际旅行人数预测建模
任务 9.2　基于 CNN 的时间戳图像识别	从图像中分割数据、数据处理、时间戳识别建模、模型评估

学习目标

最终目标：能正确应用聚类的知识进行建模。

促成目标：

理解深度神经网络的概念。

掌握多层感知机的训练方法。

掌握卷积神经网络的概念。

掌握循环神经网络和长短期记忆网络的概念。

掌握卷积神经网络的训练方法。

掌握利用长短期记忆网络解决序列问题的方法。

任务9.1　知识准备

任务目标

能理解深度神经网络基本知识，及应用 Python 进行建模。

任务分析

深度前馈神经网络→卷积神经网络→循环神经网络和长短期记忆网络→案例应用

任务分解

本任务共设定 5 个子任务，分 5 大步骤完成。

第 1 步：理解深度前馈神经网络基本知识。

第 2 步：印第安人糖尿病诊断的 Python 建模。

第 3 步：理解卷积神经网络基本知识。

第 4 步：理解循环神经网络和长短期记忆网络基本知识。

第 5 步：基于 LSTM 国际旅行人数预测的 Python 建模。

9.1.1 深度前馈神经网络

深度神经网络（DNN）就是包含多个隐藏层的人工神经网络（ANN）。深度学习（DL）技术源于对深度神经网络的研究，从属于人工智能领域下机器学习方向的一个分支。相对于普通神经网络而言，深度神经网络具有更深、更广的网络结构，能够表示更加复杂的函数，提取更加抽象的样本特征。依据神经元特点或网络组件的不同，深度神经网络还可以细分为不同的类型，如深度前馈网络、卷积神经网络（CNN）、循环神经网络（RNN）等。通过深度神经网络的层次结构，深度学习能够有效解决有监督学习、无监督学习及强化学习等机器学习问题，以完成对样本的预测。

深度前馈网络是最典型的一类深度神经网络，也是深度学习技术最早的一类网络模型。本节介绍深度学习技术中最典型的深度前馈网络及其涉及的相关概念和应用场景。

深度前馈网络也称为前馈神经网络（Feedforward Neural Network）或多层感知机（MLP）。这里的前馈是指网络拓扑结构上不存在环或回路，而并不意味着信息只能进行前向传播。为了更加突出深度前馈网络的形式，可称其为"多层前馈神经网络"，其网络结构大致是如图 9-1 所示的层级结构。

图 9-1 中描述了一个具有两个隐藏层（hidden layer）的"多层前馈神经网络"。最下面的一层神经元叫作输入层（input layer），最上面的一层神经元叫作输出层（output layer）。不包含隐藏层，仅包含输入、输出两层神经元的网络叫作感知机（Perceptron），如图 9-2 所示。然而感知机的学习能力非常有限（甚至不能解决异或问题），如果需要解决复杂的非线性可分问题，需要在输入、输出层之间加上若干个隐藏层，也就是多层感知机，即"有深度的前馈网络"。当隐藏层的数目增加到较为深层时（3 个隐藏层及以上），那么这样的深度前馈网络就是一个典型的深度学习模型了。

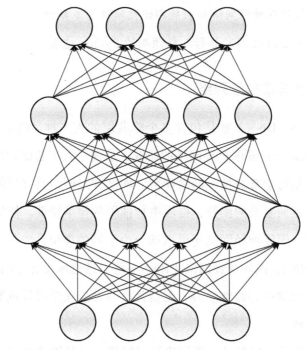

图 9-1　多层前馈神经网络结构示意图

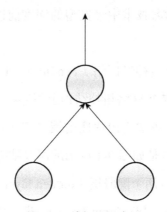

图 9-2　感知机示意图

为了帮助理解深层前馈网络的工作机制，接下来以感知机为例阐述神经网络中的几个基础概念。神经网络的基本组成单元是神经元（neuron），即图 9-1 和图 9-2 中"圆圈"所代表的简单单元（unit，即 neuron）。

输入层的神经元仅负责接收输入信号，比如用向量 $[1, x_1, x_2, x_n]$ 中的元素依次代表输入层中的各个神经元。输出层神经元负责输出最终结果，比如用单个元素 y 表示输出层仅有一个神经元（也可以是多个，用向量表示）。

　　由输入层到输出层的计算（函数处理）就是输出层神经元对输入层神经元进行信号加工的过程。每一个箭头都代表信号传递的路径，每一条路径上都对应不同的权重（weight）。

　　信号加工的第一步就是将这些权重加权求和（每个输入乘以权重再求和），然后继续向输出层进行传递。权重求和结果被输入到一个叫作激活函数（activation function）的信号加工单元。最终，激活函数的计算结果被送到输出单元，作为感知机的输出结果。图 9-3 展示感知机的信号加工过程。

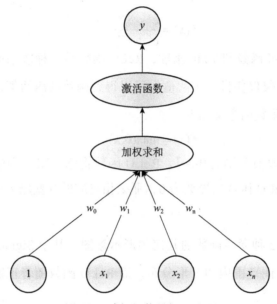

图 9-3　感知机信号加工过程

　　激活函数的设计参考了生物神将网络（生物学意义上的神经网络，不是人工神经网络）：如果某个神经元的电位超过了一定的阈值，则这个神经元将会被激活，此神经元就会处于兴奋的状态。以感知机为例，当权重求和的结果被传递到激活函数时，该函数会依照传进来的值给出相应的函数计算结果。这样的设计方式不仅模拟了生物神经网络的特点，而且更重要的是为人工神经网络加入了非线性因素。

　　随着深度神经网络的广泛应用，越来越多的激活函数被设计出来以使网络能够更好地拟合复杂问题。以下简单介绍一下 3 个经典的激活函数：Sigmoid 函数、双曲正切函数 Tanh 及整流线性单元 ReLU（Rectified Liner Units）函数。

Sigmoid 函数也称 Logistic 函数，其函数定义为

$$f(x) = \frac{1}{1+e^{-x}} \qquad (9-1)$$

Sigmoid 函数随着输入值 x 单调递增，并且将非常大的输入值 x 映射到（0,1）这个小范围之间。由于 Sigmoid 函数的导数很容易用它的输出 $f(x)$ 表示，因此 sigmoid 函数曾经被广泛地应用于人工神经网络中。

有时，Sigmoid 函数也会被换成具有相同分布的双曲正切函数 Tanh。Tanh 函数将输入值 x 映射到（–1,1）之间，其函数定义为

$$f(x) = \frac{e^x - e^{-x}}{e^x + e^{-x}} \qquad (9-2)$$

相比于 Sigmoid 函数和 Tanh 函数，ReLU 函数是一种效果更好并且收敛速度更快的激活函数，仅仅凭借一个阈值便可以得到函数的激活值，而省去了复杂的计算过程。ReLU 函数的定义如下：

$$f(x) = \max(0, x) \qquad (9-3)$$

ReLU 函数的取值范围为 $[0, \infty]$。ReLU 函数将输入映射到整个正数范围，当输入为负数时，ReLU 函数的导数为 0，那么相对应的这些输入的神经元就不会参与训练。

图 9-4 给出了 3 种激活函数的几何图形示意图，其中 Sigmoid 函数和 Tanh 函数都呈现在一定区间范围内的 S 形分布，而 ReLU 函数随着正输入数值的增大而无限增长。

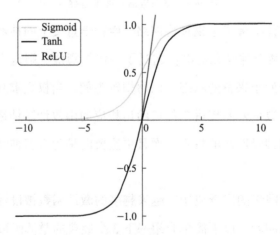

图 9-4 激活函数几何图形示意图

确定好网络结构之后，深度神经网络需要通过数据来进行训练。当深度神经

网络完成训练后，便可以用训练好的模型对新样本进行预测。接下来简单描述一下一般神经网络的训练过程，深度神经网络需要增加的训练技巧（如预训练）将在具体模型的介绍中展示。

步骤1：准备数据。在完成神经网络输入层、隐藏层和输出层的各项配置之后，接下来就需要为训练神经网络准备数值型的数据。对于输入层，每次输入的数据必须具有相同的尺度，这可以通过归一化（normalization）或标准化（standardize）来实现；对于输出层，如果数据是用文字描述的类别数据（如性别），则需要将其转换为一个向量（one-hot编码），向量中每个元素的值对应一个类别（如男为1，女为0）。

步骤2：训练神经网络。一般采用反向传播算法（Back Propagation，BP）来训练神经网络。BP算法通常分为激励传播和权重更新两个步骤，并且这两个步骤会反复循环迭代，直到神经网络对输入的数据能够产生预期的结果。在BP算法的学习过程中，信号传递分为正向传播和反向传播。在正向传播过程中，输入层的数据经过隐藏层的逐层处理被传递到输出层。如果在输出层不能获取期望的值，则利用目标函数描述实际输出值与期望输出值之间的差异，即响应误差。在反向传播过程中，利用梯度下降算法（gradient descent）来优化整个神经网络，调整各个层之间的网络权重，使得输出层的响应误差尽可能地减小。

步骤3：预测新数据。当完成对神经网络的训练之后，就可以将新数据输入网络并执行正向传播。通过计算新数据在神经网络中传播后的输出，以此完成对新数据的预测（如新数据属于某种类别）。

9.1.2　示例：印第安人糖尿病诊断

Keras是用于快速开发深度学习模型的Python库。本节使用糖尿病发病情况数据集Pima Indians（一个公开的标准机器学习数据集）来训练一个简单的深度前馈网络，以此展示如何训练一个神经网络模型及评估结果。

Pima Indians数据集记录了印第安患者的医疗记录数据及这些患者是否会在诊疗后的5年内发生糖尿病。搭建模型后的目标是通过训练好的模型来评估某个印第安人是否在5年内有罹患糖尿病的可能，并以数值的形式给出诊断结果：罹患

糖尿病为 1，不罹患糖尿病为 0。

从分类的角度讲，印第安人糖尿病诊断是一个二元分类问题。作为输入数据的患者变量是数值类型，可以直接作为深度前馈网络的输入变量使用。描述印第安人的数据具有 8 个维度，每个维度代表的属性依次是怀孕次数、2 小时口服葡萄糖耐量试验中血浆葡萄糖浓度、舒张压、三头肌皮褶皱厚度、2 小时血清胰岛素、身体质量指数、糖尿病谱系功能和年龄。由于输入变量的所有属性都是数值的，因此每一个印第安人的特征采用 8 维的数值向量表示。以下给出了输入数据集中随机的 5 个印第安人的数据。

【例 9-1】5 个印第安人的数据。

```
4,110,92,0,0,37.6,0.191,30,0
10,168,74,0,0,38.0,0.537,34,1
10,139,80,0,0,27.1,1.441,57,0
1,189,60,23,846,30.1,0.398,59,1
5,166,72,19,175,25.8,0.587,51,1
```

要完成对印第安人糖尿病诊断的任务，需要按照以下几个步骤创建深度前馈网络，它们分别是导入数据、定义模型、编译模型、训练模型及评估模型。

【例 9-2】导入数据。

代码如下。

```python
import numpy as np
# 导入数据
dataset = np.loadtxt('pima-indians-diabetes.csv', delimiter=',')
# 分割输入 x 和输出 Y
x = dataset[:, 0 : 8]
Y = dataset[:, 8]
```

这里使用 NumPy 库的 loadtxt() 函数来加载数据集。Pima Indians 数据集可以从 UCI Machine Learning 上免费下载。由于描述每个印第安人的数据有 8 个属性，因此 Pima Indians 数据集有 8 个输入维度。数据集中每行的最后一列用来描述当前印第安人是否在 5 年内罹患糖尿病，因此该数据集的输出维度是 1。对应代码中的输入向量为 x，输出向量为 Y。

【例 9-3】定义深度前馈网络模型。

代码如下。

```
from keras.models import Sequential
from keras.layers import Dense
model = Sequential()
model.add(Dense(12, input_dim=8, activation='relu'))
model.add(Dense(8, activation='relu'))
model.add(Dense(1, activation='sigmoid'))
```

从 Keras 库中导入序贯模型 Sequential，这是一个层序列，可以依次对其进行图层添加。Dense 类通常被用来定义完全连接的层。由于这里的深度前馈网络层与层之间是全连接的，因此序贯模型 Sequential 每次添加的图层都是 Dense 类。输入层的 Dense 类有 3 个参数，第一个参数是当前层中神经元的数量，第二个参数是输入数据的维度，第三个参数是采用的激活函数。在这个例子中，输入层和隐藏层采用了 ReLU 激活函数，这可以带来更好的性能。输出层的激活函数采用的是 Sigmoid，这是因为 Sigmoid 函数更适合于二分类的情形。通过 Sequential 的 add() 函数，创建输入层 8 个神经元、第一隐藏层 12 个神经元、第二隐藏层 8 个神经元、输出层 1 个神经元的深度前馈网络。

【例 9-4】编译模型。

代码如下。

```
# 编译模型
model.compile(loss='binary_crossentropy', optimizer='adam',
metrics=['accuracy'])
```

模型的 compile() 函数用来对定义好的模型进行编译，使得模型能够有效地利用被 Keras 封装好的数值进行计算。模型在编译时，必须指定一些必要的属性。参数中的 loss 属性是用来指定权重的损失函数的。印第安人糖尿病诊断的问题属于二进制分类问题，这里的对数损失函数被定义为二进制交叉熵。参数中的 optimizer 属性用于搜索网络不同权重的优化器，这里采用有效的梯度下降算法 adam。参数中的 metrics 指定在模型训练期间的可选指标，这里采用分类准确率作为度量模型的标准。

【例 9-5】训练模型。

代码如下。

```
# 训练模型
model.fit(x=x, y=Y, epochs=150, batch_size=10)
```

通过 fit() 函数来实现模型的训练过程。模型的输入数据是 x，模型的输出向量是 Y。参数中的 epochs 用于指定训练集进行迭代的次数。除此之外，还需要指定在执行权重更新时每个批次所使用的样本个数，即 batch_size。在实际操作中，epochs 和 batch_size 的数量可调整到合适的值。

【例 9-6】评估模型。

代码如下。

```
# 评估模型
scores = model.evaluate(x=x, y=Y)
print('\n%s : %.2f%%' % (model.metrics_names[1], scores[1]*100))
```

评估模型的数据集可以是训练数据集本身，也可以是专门的测试数据集。使用测试数据集进行评估，可以得到模型在新数据上的分类性能。为了方便起见，这里直接采用训练数据集评估模型。用 evaluate() 函数来评估模型准确率，将产生每个输入和输出对的预测，并且收集分数。

【例 9-7】执行结果。

```
Epoch 148/150

   10/768 [..............................] - ETA: 0s - loss: 0.3609
- accuracy: 0.8000
  170/768 [=====>........................] - ETA: 0s - loss: 0.4212
```

```
- accuracy: 0.7882
    340/768 [===========>.................] - ETA: 0s - loss: 0.4351
- accuracy: 0.7912
    510/768 [==================>..........] - ETA: 0s - loss: 0.4848
- accuracy: 0.7667
    690/768 [==========================>..] - ETA: 0s - loss: 0.4743
- accuracy: 0.7739
    768/768 [=============================] - 0s 295us/step - loss:
0.4741 - accuracy: 0.7734
    Epoch 149/150


     10/768 [..............................] - ETA: 0s - loss: 0.5242
 - accuracy: 0.7000
    180/768 [======>.......................] - ETA: 0s - loss: 0.5173
- accuracy: 0.7111
    340/768 [===========>.................] - ETA: 0s - loss: 0.4983
- accuracy: 0.7500
    510/768 [==================>..........] - ETA: 0s - loss: 0.4824
- accuracy: 0.7667
    710/768 [===========================>.] - ETA: 0s - loss: 0.4733
- accuracy: 0.7648
    768/768 [=============================] - 0s 299us/step - loss:
0.4772 - accuracy: 0.7617
    Epoch 150/150


     10/768 [..............................] - ETA: 0s - loss: 0.3400
 - accuracy: 0.9000
    170/768 [=====>........................] - ETA: 0s - loss: 0.4386
- accuracy: 0.8118
```

```
   340/768 [===========>..............] - ETA: 0s - loss: 0.4432
 - accuracy: 0.8000
   510/768 [================>...........] - ETA: 0s - loss: 0.4466
 - accuracy: 0.7980
   700/768 [=======================>...] - ETA: 0s - loss: 0.4823
 - accuracy: 0.7757
   768/768 [==========================] - 0s 293us/step - loss:
 0.4799 - accuracy: 0.7773


    32/768 [>.........................] - ETA: 1s
   768/768 [==========================] - 0s 122us/step


   accuracy : 77.99%
```

例 9-7 截取了代码执行的部分结果。代码执行过程给出了每次迭代（Epoch）执行的损失（loss）和准确率，以及最终整个训练集上的评估结果。

9.1.3 卷积神经网络

多层前馈神经网络采用了全连接的方式，即每一个神经元与前后相邻层的每一个神经元都连接，这会使得待优化的总参数个数非常多。实际应用中，以高分辨率的图像作为输入时，不仅图像的像素增加，而且彩色图像相对于灰度图像而言增加了通道信息（R、G、B 三个通道）。这些情况都会使得待优化的参数过多，很容易导致模型过拟合。

卷积神经网络（CNN）会先对原始图像自动进行特征提取，再把提取到的特征传递给全连接网络。卷积神经网络是深度学习技术中一种重要的前馈神经网络，广泛用于计算机视觉领域中。

如图 9-5 所示是卷积神经网络的结构示意图，图中展示了 CNN 中常见的网络组件：输入层（Input layer）、卷积层（Convolution layer）、池化层（Pooling layer）、压平层（Flatten layer）、全连接层（Fully connected layer）及输出层

（Output layer）。这些组件的个数和排布方式因每个 CNN 的具体模型、相关数据和应用场景的不同而不同。

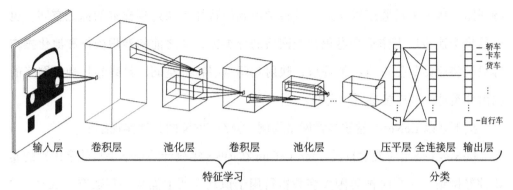

图 9-5 卷积神经网络的结构示意图

卷积神经网络中的卷积计算就是一种有效提取图像特征的方法。一般会用一个正方形卷积核（滤波器）遍历图片上的每一个像素点，图片与卷积核重合区域内，相对应的每一个像素点乘以卷积核内相对应点的权重，求和，再加上偏置后得到输出图片的一个像素值。

卷积核每滑动一次，会得到输出图片中的一个值。滑动过程从输入图片的左上角开始，直到输入图片的右下角结束。该输出图片就是在卷积核作用下得到的原始图像的特征图（Feature Map）。有时会在输入图片的周围进行全 0 填充，使得特征图的维度和输入图片的维度保持一致，这个过程叫作 Padding。

不同的滤波器可以获取不同的信息和特征。例如，有的滤波器可以进行高斯模糊、边框模糊、锐化、边缘检测等。因此，使用多个不同的滤波器对同一张图片进行多次特征提取，能够得到不同的特征图。

卷积层中采用局部连接的方式，隐藏层的每个神经元只和图像中的局部图像进行连接，权重参数得以骤减，对计算量有数量级的削减。此外，采用权值共享的方式可以进一步减少参数。

卷积神经网络中的池化操作就是对不同位置的特征进行聚合统计而表示原有的特征图。比如，经常采用的最大池化（max pooling）就是用某一区域的最大像素代表这一块区域，而平均池化（average pooling）就是用某一区域的平均像素代表这一块区域。池化层的主要功能是下采样，在缩小特征图维度的同时不会损坏

识别结果。

当提取到足够抽象的特征图之后，卷积神经网络会采用压平层拉平上一层的特征图。接下来再紧接着全连接层将学习到的特征图映射到样本的标记空间。也就是将全连接层当作整个卷积神经网络的分类器，而之前的卷积操作和池化操作等只是将原始数据进行特征提取，映射到隐藏层特征空间。最终卷积神经网络的输出分类是由全连接层所决定的。

接下来以 LeNet-5 卷积神经网络为例，介绍 CNN 的具体实现细节。

LeNet-5 是纽约大学教授 Yann LeCun 在 1998 年设计的用于手写数字识别的卷积神经网络，在当时被美国大多数银行用于识别支票上面的手写数字。LenNet-5 在不包含输入层的情况下一共有 7 层，每层都包含不同数量的训练参数，其网络结构如图 9-6 所示。

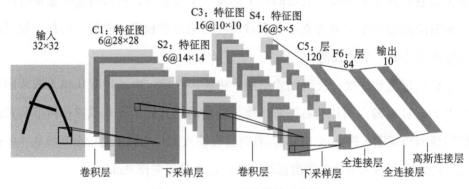

图 9-6　LeNet-5 网络结构示意图

从图中可以看出，LeNet-5 网络共有两层卷积层、两层降采样层（Subsampling layer，即池化层）及 3 层全连接层。

输入图像是 32×32 的灰度图像，紧接着输入图像的下一层是 C1 卷积层。采用的卷积核大小为 5×5，每次卷积后以步长 1 从左到右、从上到下滑动一个像素，因此 C1 卷积层的大小为 28×28（32–5+1=28）。由于一个特征图对应一个卷积核，因此在 6 个卷积核作用下 C1 卷积层生成了 $6@28 \times 28$ 的特征图。

紧接着 C1 卷积层的是 S2 降采样层，S2 层采用的是 2×2 的输入域，即上一层的 4 个节点作为下一层 1 个节点的输入，并且 2×2 的感受野不重叠，即每次滑动 2 个像素，故 S2 的大小是 $6@14 \times 14$（28/2=14）的特征图。

C3 层也是一个卷积层，C3 层通过 5×5 的卷积核去卷积 S2 层，然后得到 10×10 的特征图，利用 16 种不同的卷积核，得到 C3 层 16@10×10（14–5+1=10）的特征图。S4 又是一个降采样层。C3 层的 16@10x10 的特征图分别做降采样，得到 16@5×5（10/2=5）的特征图。

C5 层是全连接层。由于 S4 层的特征图的大小与卷积核的大小相同，都为 5×5，所以再做卷积运算后形成的特征图的大小为 1×1。C5 层拥有 120 个神经元，并且每个神经元都与 S4 层中的特征图相连。F6 层选择 84 个神经元与 C5 层的神经元进行全连接。

输出层也是全连接层，共有 10 个节点，分别代表数字 0～9。如果节点 i 的输出值为 0，则网络识别的结果是数字 i。手写数字 3 的 LeNet-5 网络识别过程示意图如图 9-7 所示。

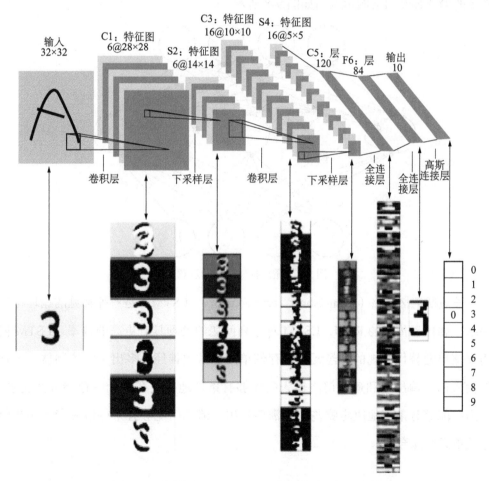

图 9-7   手写数字 3 的 LeNet-5 网络识别过程示意图

9.1.4　循环神经网络和长短期记忆网络

在卷积神经网络中，层与层之间是有连接的，而每层之间的神经元是无连接的。这种传统的神经网络连接方式，对序列问题的处理是低效的。例如，在文本预测中，如若需要预测语句中的下一个单词，一般情况是需要考虑前一个单词是什么。这意味着，在一个语句中，前后单词之间并不是相互独立的。这需要一种新的网络结构，能够对之前的信息有记忆，也就是能够处理序列数据的神经网络。这种具有记忆功能，可以处理序列数据的神经网络称为循环神经网络（RNN）。RNN 在网络结构的表现形式上是隐藏层之间的节点是有连接的。这种连接方式指定了隐藏层的输入不仅包括输入层的输入，还包括上一时刻隐藏层的输出。一个简单的循环神经网络的示意图如图 9-8 所示。

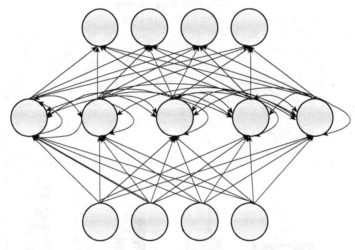

图 9-8　循环神经网络的示意图

长短期记忆网络（Long Short Term Memory，LSTM）是一种常见的循环神经网络。相比于传统的 RNN，LSTM 对序列问题的处理具有更高的效率。LSTM 使用存储单元替代常规的神经元，其存储单元比常规神经元多出 3 门控制器，分别是输入门、输出门和遗忘门。输入门能够有条件地决定在单元中存储哪些信息；输出门能够有条件地决定哪些信息需要输出；遗忘门能够有条件地决定将哪些信息从单元中抛弃。

9.1.5　示例：基于LSTM的国际旅行人数预测

国际旅行人数预测是一个时间序列问题。不同于传统的回归预测问题，时间序列问题增加了输入变量之间的序列依赖性，需要采用用于处理序列依赖性的长短期记忆网络（LSTM）来建模。国际旅行人数预测问题是指根据当月的旅客数量预测下个月的旅客数量。这里使用的数据集是一个经典的国际旅行旅客人数数据集，包含从 1949 年 1 月—1960 年 12 月之间的 144 条记录。这个数据集可以从 DataMarket 网站上免费下载，其中的人数以千人为单位。

【例 9-8】基于 LSTM 的国际旅行人数预测。

代码如下。

```python
import numpy as np
from matplotlib import pyplot as plt
from pandas import read_csv
import math
from keras.models import Sequential
from keras.layers import Dense
from keras.layers import LSTM
from sklearn.preprocessing import MinMaxScaler
from sklearn.metrics import mean_squared_error


seed = 7
batch_size = 1
epochs = 100
filename = 'international-airline-passengers.csv'


footer = 3
look_back=1


def create_dataset(dataset):
    dataX, dataY = [], []
```

```
    for i in range(len(dataset) - look_back - 1):
        x = dataset[i: i + look_back, 0]
        dataX.append(x)
        y = dataset[i + look_back, 0]
        dataY.append(y)
        print('X: %s, Y: %s' % (x, y))
    return np.array(dataX), np.array(dataY)


def build_model():
    model = Sequential()
    model.add(LSTM(units=4, input_shape=(1, look_back)))
    model.add(Dense(units=1))
    model.compile(loss='mean_squared_error', optimizer='adam')
    return model


if __name__ == '__main__':

    # 设置随机种子
    np.random.seed(seed)


    # 导入数据
    data = read_csv(filename, usecols=[1], engine='python',
skipfooter=footer)
    dataset = data.values.astype('float32')
    # 标准化数据
    scaler = MinMaxScaler()
    dataset = scaler.fit_transform(dataset)
    train_size = int(len(dataset) * 0.67)
    validation_size = len(dataset) - train_size
    train, validation = dataset[0: train_size, :], dataset[train_
```

```
size: len(dataset), :]


    # 创建 dataset, 让数据产生相关性


    X_train, y_train = create_dataset(train)
    X_validation, y_validation = create_dataset(validation)


    # 将输入转化为 [sample, time steps, feature]
    X_train = np.reshape(X_train, (X_train.shape[0], 1, X_train.
shape[1]))
    X_validation = np.reshape(X_validation, (X_validation.shape[0],
1, X_validation.shape[1]))


    # 训练模型
    model = build_model()
    model.fit(X_train, y_train, epochs=epochs, batch_size=batch_
size, verbose=2)


    # 模型预测数据
    predict_train = model.predict(X_train)
    predict_validation = model.predict(X_validation)


    # 反标准化数据——目的是保证 MSE 的准确性
    predict_train = scaler.inverse_transform(predict_train)
    y_train = scaler.inverse_transform([y_train])


    predict_validation = scaler.inverse_transform(predict_validation)
    y_validation = scaler.inverse_transform([y_validation])


    # 评估模型
```

```
train_score = math.sqrt(mean_squared_error(y_train[0], predict_train[:, 0]))

print('Train Score: %.2f RMSE' % train_score)

validation_score = math.sqrt(mean_squared_error(y_validation[0],
predict_validation[:, 0]))

print('Validatin Score: %.2f RMSE' % validation_score)


# 构建通过训练集进行预测的图表数据

predict_train_plot = np.empty_like(dataset)
```

任务9.2 基于CNN的时间戳图像识别

任务目标

能应用 CNN 基本知识进行时间戳图像识别的 Python 建模。

任务分析

业务分析→准备数据→处理数据→图像识别建模→模型评估

任务分解

本任务共设定 5 个子任务，分 5 大步骤完成。

第 1 步：从视频图像中分割时间数字。

第 2 步：初始化 CNN 的网络结构。

第 3 步：训练 CNN 的网络参数。

第 4 步：时间戳识别算法建模。

第 5 步：测试 CNN 模型。

9.2.1 准备数据：从视频图像中分割时间数字

时间戳图像是在视频录像文件中表明时间信息的重要数据。对于本地视频录像而言，记录视频的开始时间及秒传帧数就能够推算某一时刻的时间戳数据。然而，越来越多的云视频录像的出现，使得每秒获得的视频图片数量随着网络传输速度而不断变化。用开始时间和秒传帧数进行推算的方式不再可行。因此，采用机器学习方法自动识别时间戳图像所表示的当前时间显得尤为重要。准确地判断某一时刻的时间戳信息有利于人们筛选特定时间段的云视频录像数据。本节介绍如何利用卷积神经网络的深度学习技术自动分析视频数据上的时间戳图像。实验证明，基于 CNN 的时间戳图像识别算法能够有效识别视频录像文件中的时间戳信息。相较于传统的光学，该算法能够改善由于复杂背景导致的识别失败和错误，并且可以大幅度减少人工读取时间戳图像的工作量。

训练模型所需要的数据集应该为视频图像中的时间数字。包含时间戳信息的视频图像如图 9-9 所示。

图 9-9 包含时间戳信息的视频图像

准备数据的过程应该是从视频图像中分离年、月、日、时、分、秒这几张数字图像。从视频图像中分割出这一张张数字图像后，还需要把图片转化为灰度图像并且将分割出来的图像设定为统一的大小。图 9-10 显示了 11 时 50 分 42 秒数字图像。

图 9-10 11 时 50 分 42 秒数字图像

通过预处理视频图片数据，收集大量的数字图像，以此作为输入对 CNN 模型进行训练，使得神经网络的权重优化到能够准确预测新的视频图片数据，以此产生时间戳的识别模型。

9.2.2 分析数据：初始化CNN的网络结构

分割好的时间数字图像的像素大小统一为 64×32。训练基于 CNN 的识别模型的预期效果是从 64×32 的高维空间映射到 $0 \sim 9$ 的 10 个数字类别。采用的 CNN 结构如下。

第一层卷积层 C1 采用 32 个 3×3 的卷积核，第二层下采样层 S2 采用 2×2 的最大池化操作，第三层卷积层 C3 采用 64 个 3×3 的卷积核，第四层下采样层 S4 采用 2×2 的最大池化操作，第五层卷积层 C5 采用 128 个 3×3 的卷积核，第六层下采样层 S6 采用 2×2 的最大池化操作，第七层全连接层采用 512 个神经元，最后一层输出层采用 10 个神经元表示手写数字的 10 个分类。整个网络采用 ReLU 激活函数，最后通过 softmax 函数对 CNN 抽取到的特征进行分类。

9.2.3　处理数据：训练CNN的网络参数

在准备好需要的训练数据及确定好网络结构之后，便可以利用代码来实现对 CNN 的训练。这里采用能够用来快速创建深度学习模型的 Python 类库——Keras。Keras 是一个高层神经网络应用程序接口（Application Program Interface，API），完全由 Python 编写而成。Keras 使用 TensorFlow、Theano 及 CNTK 作为后端，因此 Keras 的安装依赖 TensorFlow 等后端。

在构建深度学习模型的项目中，如果使用 Keras，就可以集中精力将问题归结到如何构建模型上。其中序贯模型（Sequential）是多个网络层的线性堆叠。在创建序贯模型时，可以按照希望的顺序向神经网络中添加图层。

下面展示了使用 Keras 构建 CNN 深度学习模型的 Python 代码，代码展示了 CNN 网络结构的定义及编译过程。

```python
from keras import models
from keras import layers
from keras import optimizers
import keras
from keras.preprocessing.image import ImageDataGenerator
model = models.Sequential()
model.add(layers.Conv2D(32, (3, 3), activation='relu',
                        input_shape=(64, 32, 1)))
model.add(layers.MaxPooling2D((2, 2)))
model.add(layers.Conv2D(64, (3, 3), activation='relu'))
```

```
model.add(layers.MaxPooling2D((2, 2)))
model.add(layers.Conv2D(128, (3, 3), activation='relu'))
model.add(layers.MaxPooling2D((2, 2)))
model.add(layers.Flatten())
model.add(layers.Dense(512, activation='relu'))
model.add(layers.Dense(10, activation='softmax'))
model.compile(loss='categorical_crossentropy',
              optimizer=optimizers.RMSprop(lr=1e-3))
train_datagen = ImageDataGenerator(
    rescale=1./255,
    width_shift_range=0.2,
    height_shift_range=0.2,
    shear_range=0.2,
    zoom_range=0.2, fill_mode='nearest')


callbacks = [keras.callbacks.ReduceLROnPlateau(
                monitor = 'loss',
                factor = 0.1,
                patience = 3),
            keras.callbacks.EarlyStopping(
                monitor= 'loss',
                patience = 3)]



train_dir = './training_tf/'


train_generator = train_datagen.flow_from_directory(
    train_dir,
    target_size=(64, 32),
    batch_size=32,
```

```
        color_mode= "grayscale")

history = model.fit_generator(train_generator,

                                    steps_per_epoch=16,


                                    callbacks=callbacks,

                                    epochs=30)


model.save('weight.h5')
```

整个定义过程是创建一个序贯模型并且为模型添加配置层。一旦完成定义，就可以通过使用底层框架编译模型来优化模型计算。在编译模型时，需要指定损失函数和优化函数，并调用模型的 compile() 函数，完成模型编译。这里的损失函数采用交叉熵 categorical _crossentropy，用来衡量真实值和预测值之间的偏差；而优化器采用 RMSprop 来加快学习速率，初始学习速率设置为 10^{-3}，后期逐步减小。最后，通过调用模型的 fit() 函数来训练模型。

9.2.4　使用算法：时间戳识别算法

CNN 网络结构参数训练完成之后，模型中的网络权重得到保存。接下来，只需用训练好的 CNN 网络对新样本进行预测，识别新样本中的时间戳。识别视频中的图片时，仍然需要对样本进行预处理。预处理的过程与训练前准备数据的过程类似。首先，依据时间戳年、月、日、时、分、秒将图片的相应位置分割开来，紧接着将样本输入 CNN 模型，从输出层得到解析的时间数据，最后将各个位置上的时间数据拼凑起来得到时间戳。如果训练得到的 CNN 模型具有好的泛化能力，那么新样本的预测准确度就会很高，接下来将用新样本测试 CNN 网络的性能。

实验采用 140 张 1920×1080 的 JPEG（24-bit color）视频图片。在准备数据之后，生成 140 张 64×32 的数字图像。其中，训练集和测试集按照 8∶2 的比例划分，即利用 112 张图片训练 CNN 模型，剩下的 28 张图片作为测试集来测试模型精度。

9.2.5　结果分析：测试CNN模型

测试训练好的 CNN 模型需要几个评价指标。一个是模型的准确率，即模型能够正确分类的样本数量与总样本数量的比例。举例来说，如果总样本数量为 100，模型能够正确分类 90 个样本，则模型的准确率为 90%。这是评价模型好坏的最直观的标准。

如果单纯基于训练样本集或测试样本集，则模型的评价标准还可以分为训练准确率和测试准确率。一个好的模型应该是训练准确率和测试准确率都比较高的。如果训练准确率高而测试准确率很低，那么整个模型的泛化能力差，不能准确预测新样本的类别，从另一方面说可能是模型出现了过拟合的问题。

图 9-11 所示为 CNN 模型的训练准确率与测试准确率，从图中可以看出，模型的训练准确率和测试准确率在迭代 30 次以后都逐步趋于平稳，达到 99% 的一个较高水平。这说明 CNN 模型的泛化能力好，预测准确度高。

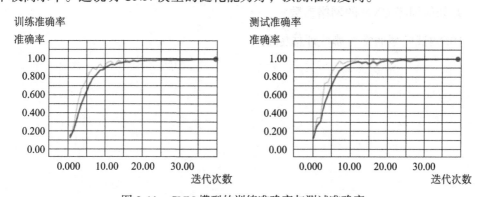

图 9-11　CNN 模型的训练准确率与测试准确率

9.3　项目复盘

在任务 9.1 中，主要完成深度神经网络的介绍。通过对深度神经网络的概括性描述，举例展示了什么是深度神经网络。结合印第安人糖尿病诊断的例子，给出多层感知机的训练过程。此外，本节还简要阐述了什么是循环神经网络及长短期记忆网络，并通过经典的国际旅行人数预测问题，介绍了长短期记忆网络的实际应用。

在任务 9.2 中，完成基于 CNN 的时间戳图像识别，进一步在实践中领会卷积

神经网络的实现过程。

9.4 实操练习

1. 如何理解深度神经网络和人工神经网络的区别？

2. 深度前馈网络和深度神经网络的关系是什么？它有哪些别名？

3. 完成例 9-1 ～例 9-7 的 Python 编程。

4. 相比于深度前馈网络，循环神经网络更适用于哪些问题？

5. 长短期记忆网络与传统的循环神经网络有什么不同？

6. 理解 LSTM 算法，编程实现国际旅行人数预测。

7. 如何从视频图像中分割出时间数字？

8. 如何将彩色图像转换为灰度图像？

9. 如何训练 CNN 的网络参数？

10. 测试模型通常有哪些评估标准？